Ángela Matos Acurero

Metabolitos secundarios en cultivos in vitro de Aloe vera

Ángela Matos Acurero

Metabolitos secundarios en cultivos in vitro de Aloe vera

Técnicas para incrementar la producción in vitro de aloesina, aloína y aloe-emodina

PUBLICIA

Cover image: www.ingimage.com

Publisher:
PUBLICIA
is a trademark of
Dodo Books Indian Ocean Ltd. and OmniScriptum S.R.L publishing group

120 High Road, East Finchley, London, N2 9ED, United Kingdom
Str. Armeneasca 28/1, office 1, Chisinau MD-2012, Republic of Moldova, Europe
Managing Directors: Ieva Konstantinova, Victoria Ursu
info@omniscriptum.com

Printed at: see last page
ISBN: 978-620-2-43019-7

Zugl. / Aprobado por: Lugo, Universidad de Santiago de Compostela, Tesis Doctoral, 2005

PRODUCCIÓN DE ALOESINA, ALOÍNA Y ALOE-EMODINA EN CULTIVOS *IN VITRO* DE *Aloe vera* L.

Ángela Matos Acurero

In memorian
María Teresa Herrera López (†)

CONTENIDO GENERAL

AGRADECIMIENTOS

- A la Dra. María Teresa Herrera López (†), Maite, en lo académico, por el respeto y la confianza que depositó en mi al recibirme en su laboratorio y por la dirección insuperable de este trabajo y en lo personal, por su amistad, su comprensión y su apoyo. Ha sido un honor para mí trabajar bajo su dirección, un millón de gracias y espero haber copiado de ti toda esa dedicación y devoción al trabajo que me enseñaste.

- A Ignacio Zarra y a Gloria Revilla, así como a todo su equipo de investigación en Santiago, por la colaboración prestada.

- A La Universidad del Zulia, por la concesión de la beca doctoral que me permitió realizar este trabajo.

- Al personal del Área de Apoyo a la Investigación de RIADIT (FEDER) del Campus de Lugo de la Universidad de Santiago de Compostela, por el apoyo técnico prestado para las inyecciones en el HPLC; especialmente a Lucía Medina y a Marien De Bernardo.

- A Joseph Clemens, de la Universidad de Arizona (Tucson, U.S.A.), por cederme un lote de semillas de *Aloe vera*, objeto de estudio de este trabajo.

- Al Dr. J.H. Park, del Colegio de Farmacia de la Universidad Nacional de Seúl, Corea, por el suministro del estándar de aloesina y por la amabilidad demostrada en las consultas realizadas.

- Al Departamento de Genética de la Facultad de Veterinaria de la Universidad de Santiago de Compostela por permitirme usar el microscopio de fluorescencia, en especial a Laura, Paulino, Rafi y Eduardo.

- Al Departamento de Bioquímica de la Facultad de Veterinaria de la Universidad de Santiago de Compostela, en especial a Izaskun por permitirme el uso del liofilizador y a Javi porque muchas veces estuvo pendiente de mis muestras.
- A Carmen, por su amistad y por su ayuda con la estadística.
- Al Dr. Carlos Herrero, Vicerrector del Campus de Lugo por la ayuda prestada.
- A Alba, Isabel, Lucía Bellón, María José, Merchi, Noelia (en orden alfabético) y a todos quienes han sido mis grandes amigos en la ciudad de Lugo.
- A Luisa, por su gran amistad y compañerismo.
- A la Ciudad de Lugo, porque tu Muralla en lugar de obstáculo fue protección durante los años que viví allí.

I. INTRODUCCIÓN

1. METABOLISMO SECUNDARIO.

Además de las rutas del metabolismo primario, idénticas o similares en todos los organismos vivos, las plantas pueden seguir otras rutas metabólicas que llevan a la formación de compuestos peculiares de un grupo taxonómico determinado y que parecen no participar directamente en el crecimiento y desarrollo de la planta. Estas otras rutas constituyen el metabolismo secundario y las sustancias que se derivan de estos procesos son llamadas metabolitos secundarios (Buchanan et al., 2000).

La biosíntesis de estos metabolitos secundarios está muy relacionada con el metabolismo primario ya que el suministro de precursores, cofactores y energía celular puede, potencialmente, limitar el metabolismo secundario (Khetan et al., 1999). Existe gran variedad en la estructura química de los metabolitos secundarios que viene dada por la gran cantidad de enzimas implicadas en su biosíntesis (Kliebenstein et al., 2001).

Aunque estos compuestos no tengan funciones directas en los procesos vitales de la célula que los produce, en la actualidad y gracias al desarrollo de las técnicas bioquímicas y moleculares, se acepta que estos compuestos son una expresión de la especialización celular y que muchos de ellos no sólo cumplen numerosas funciones relacionadas con las interacciones planta-medio sino que también han sido usados desde hace mucho tiempo en la industria farmacéutica (Ramachandra Rao y Ravishankar, 2002), en la alimentaria, como aditivos, saborizantes, colorantes y en elaboración de fragancias. Muchos de estos compuestos pueden actuar como antibióticos, fungicidas (Nedelnik y Repkova, 1998), insecticidas (George et al., 2000), antivirales (Semple et al., 2001) y como protección de la planta contra los depredadores (Hartmann y Ober, 2000; Esteban-Carrasco et al., 2002). Algunos de estos compuestos tienen la capacidad de absorber la luz UV perjudicial para las plantas (Li et al., 1993) (Figura 1).

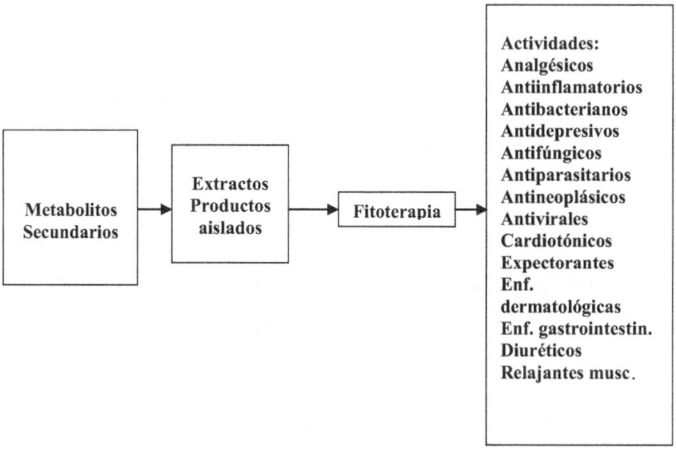

Figura 1. Actividades biológicas de metabolitos secundarios de plantas (Oomah, 2003).

Los metabolitos secundarios pueden ser excretados o almacenados intracelularmente. La acumulación está principalmente determinada por tres características celulares: capacidad sintética, capacidad de almacenamiento y capacidad para metabolizar compuestos en procesos de transporte y detoxificación. Los procesos de síntesis y almacenamiento de un determinado metabolito pueden ocurrir en diferentes órganos de la planta. En muchos casos la acumulación de un metabolito varía de acuerdo a la localización geográfica de la planta, clima, suelo y fertilización (Endress, 1994).

2. PRODUCCIÓN DE METABOLITOS SECUNDARIOS A PARTIR DE CULTIVOS *IN VITRO.*

La producción de metabolitos secundarios ha sido de suma importancia para el hombre en el tratamiento de una gran cantidad de enfermedades. Tradicionalmente, se han obtenido a partir de plantas que crecen silvestres o en plantaciones y aunque el descubrimiento de las drogas sintéticas disminuyó el uso de las plantas medicinales, éstas aún son fuente de gran cantidad de metabolitos activos. Sin embargo, los inconvenientes ecológicos para la obtención de plantas silvestres, los cambios biológicos y climáticos, así como las interferencias político-económicas que impedían la obtención de los mismos, ha llevado al desarrollo de nuevas tecnologías, entre las que se encuentra el cultivo de tejidos y células.

El cultivo *in vitro* constituye una vía para el estudio de las rutas sintéticas de estos compuestos y para la producción comercial de ellos (Verpoorte et al., 1988; Massot et al., 2000) puesto que estos sistemas de cultivo permiten controlar factores ambientales como el clima, plagas, variaciones geográfico-estacionales y ajustar la cantidad de producto de acuerdo a las necesidades del mercado, además, es de gran importancia porque el producto presenta mayor pureza y calidad. De esta manera, la obtención de determinados metabolitos secundarios mediante cultivo *in vitro* constituye una de las estrategias con mayor futuro para la producción de los mencionados productos (Mukherjee y Verpoorte, 2003).

La mayoría de los metabolitos secundarios producidos por las plantas son terpenoides (>52%), alcaloides (~26%) y compuestos fenólicos (~21%) (Harborne y Baxter, 1993). Estos compuestos representan, en general, entre el 1% y 3% del peso seco de la planta (Oomah, 2003). La mayor parte de estos compuestos han sido aislados a partir de un pequeño número de especies y en su mayoría se han obtenido a partir de suspensiones celulares (aproximadamente 160 nuevos compuestos) y en menor cantidad a partir de cultivos de callos (alrededor de 100 compuestos) (Gräther y Schneider, 2001).

Ejemplos de estos es la comercialización de naftoquinonas obtenidas de cultivos de *Lithospermum ruderale* Pucoon, la producción de panaxadiol y nicotina a partir de *Panax ginseng* C.A. Mayer y *Nicotiana tabacum* L. respectivamente, la explotación a gran escala de cultivos de *Digitalis lanata* L. para la obtención de digoxina, la producción de esteroides como diosgenina y colesterol mediante cultivos de *Dioscorea deltoidea* Wall., así como también, la obtención de los antitumorales vinblastina y vincristina a partir de *Catharanthus roseus* L., sin olvidar la contribución de los cultivos *in vitro* para la producción de morfina y codeína, aisladas de *Papaver somniferum* L. En la actualidad, la producción de taxol, un anticancerígeno obtenido en un principio a partir de *Taxus brevifolia* L., está muy limitada debido a que la corteza de árboles de *Taxus* de 100 años de edad, sólo llega a producir 300 mg del compuesto, lo que ha hecho necesaria la búsqueda de fuentes alternativas como el cultivo *in vitro*. Debido a esto, se están realizando numerosos estudios con *Taxus mairei* L. destinados a la obtención de taxol a partir de cultivo de tejidos *in vitro*. (Vanisree et al., 2004; Vanisree y Tsay, 2004).

Las condiciones que favorecen la producción de metabolitos secundarios en cultivo pueden ser variables (Constabel y Vasil, 1987; 1988); en condiciones de cultivo favorables y con un adecuado método analítico, se pueden obtener e identificar compuestos igual que los obtenidos de plantas silvestres. En este sentido, la disponibilidad de precursores, las condiciones fisiológicas de las células y la genética (variaciones somaclonales), pueden contribuir a aumentar la cantidad de productos sintetizados y acumulados (Constabel y Tyler, 1994).

2.1. ESTRATEGIAS PARA INCREMENTAR LA PRODUCCIÓN DE METABOLITOS SECUNDARIOS.

A pesar del éxito de los cultivos de tejidos y células para la producción de compuestos de interés, la baja velocidad de crecimiento de los cultivos (en comparación con la de los microorganismos), la baja productividad volumétrica, los bajos rendimientos del producto, los altos costos del proceso, la inestabilidad del producto en los cultivos y principalmente el pobre conocimiento de los intermediarios metabólicos, de sus enzimas y de su regulación metabólica, ha traído problemas desde el inicio de las investigaciones y ha llevado a que éstas se dirijan a la aplicación de diversas estrategias para incrementar la productividad de estos compuestos en los cultivos.

Entre las estrategias usadas para mejorar la producción de metabolitos secundarios se encuentran el uso de diferentes medios de cultivo, obtención de compuestos de plantas regeneradas por micropropagación y organogénesis, el cultivo de células en suspensión y la utilización de elicitores que pueden inducir y aumentar la producción de metabolitos en algunos casos.

2.1.1. Optimización de las condiciones y medios de cultivo.

La manipulación de los factores físicos y nutricionales en un cultivo es el paso más importante para aumentar la producción de metabolitos secundarios a partir de cultivos *in vitro*, de esta manera, se ha logrado en algunos casos, mayor producción que en la planta silvestre. Así pues, la composición del medio nutritivo puede afectar a la producción de un determinado metabolito. Las sustancias reguladoras del crecimiento son las encargadas de estimular o inhibir la síntesis de estos compuestos.

En este sentido, las auxinas han demostrado ser más eficaces en la inducción que las citoquininas (Dougall y Weyrauch, 1980). Sin embargo, se ha observado que el 2,4-D inhibe la producción de antraquinona en cultivos celulares de *Morinda citrifolia* L. mientras que el ANA parece estimular la síntesis de este compuesto (Stalman et al., 2003). Por el contrario, el AIA induce la producción de ajmalicina en *Catharanthus roseus* L. (Satdive et al., 2003).

El nitrato y el fosfato controlan la actividad biosintética de los cultivos, actuando sobre el crecimiento primario y secundario. Se ha observado que el contenido de nitrato y amonio en el medio afecta la actividad biosintética en algunas especies (Vanisree y Tsay, 2004) mientras que la producción de imperatorina en cultivos de *Angelica dahurica* var. *formosana*, se incrementó al aumentar la concentración de fosfato (Vanisree et al., 2004).

La presencia de un azúcar como fuente de carbono y energía es indispensable en todos los medios de cultivo; la concentración y tipo de azúcar empleados afectan al metabolismo secundario. La sacarosa en concentración de 10 g/L estimula la producción de furanocumarinas en *Ruta graveolens* (Massot et al., 2000) y las células de *Dioscorea doryophora* Hance producen más diosgenina cuando se cultivan con sacarosa 3% en el medio de cultivo (Vanisree et al., 2004).

Otros factores físicos como el pH, la temperatura y el intercambio gaseoso pueden, también, afectar la producción de estos metabolitos (Vanisree y Tsay, 2004; Lee y Schuler, 2000).

Igualmente, se ha demostrado que la concentración de estos compuestos puede variar dependiendo del fotoperiodo y de la intensidad luminosa. Por ejemplo, se ha observado que la luz blanca induce y aumenta la producción de glicósidos de antraquinona en *Aloe saponaria* en suspensiones celulares y la luz monocromática inhibe la acumulación de glicósidos de tetrahidroantracenos en *A. saponaria.* También se han descrito procesos que ocurren sólo en la oscuridad (Endress, 1994).

2.1.2. Regeneración de plantas. Micropropagación y organogénesis.

La capacidad de un explanto para formar una planta entera se conoce como regeneración y los cambios que ocurren en el organismo (forma, estructura y organización) se engloban en el término morfogénesis. La regeneración puede ocurrir cultivando secciones de tejidos con meristemos preformados (origen adventicio) o a partir de callos o cultivos celulares (origen *de novo*). Así, la micropropagación y regeneración de una planta puede ocurrir induciendo la proliferación de yemas axilares, por inducción de raíces y tallos (organogénesis) o mediante el desarrollo de una entidad bipolar que exhibe propiedades morfológicas de un embrión zigótico (embriogénesis), pero que se origina de una célula somática (embriogénesis somática) o mediante un callo previamente formado (embriogénesis indirecta). Tanto la organogénesis como la embriogénesis pueden ocurrir en forma natural en algunas especies.

Estos sistemas de cultivo han permitido estudiar procesos de citodiferenciación y formación de órganos y embriones somáticos. Así, la regeneración de plantas *in vitro* vía organogénesis y embriogénesis somática permite que las células y tejidos mitóticamente quiescentes que se encuentren cumpliendo alguna función en alguna ruta de desarrollo, sean redirigidas hacia la formación de órganos o embriones. Además, esto puede permitir la obtención de callos y yemas bajo ciertas condiciones que, siendo optimizadas, conduzcan a la mejora en la producción de ciertos metabolitos secundarios. Igualmente, la micropropagación masiva de plantas permite la obtención de éstas en gran número y en menor tiempo, lo que podría cubrir la demanda comercial de plantas con compuestos de interés comercial o farmacológico.

La micropropagación es el método más extendido dentro del cultivo *in vitro* y se refiere a la propagación clonal *in vitro*, que permite la multiplicación de individuos genéticamente idénticos mediante reproducción asexual. Esta técnica ha sido ampliamente explotada en jardinería y horticultura y sus principales aplicaciones se centran en la propagación masiva de plantas, la multiplicación de híbridos infértiles (orquídeas), la regeneración de plantas a partir de células seleccionadas y en la producción de plantas libres de enfermedades, entre otros usos.

La multiplicación a partir de yemas axilares puede lograrse estimulando la proliferación de éstas en cultivos de meristemos, ápices caulinares o yemas apicales. Si se aplican citoquininas continuamente a estos cultivos, el explanto utilizado desarrollará yemas axilares que una vez separadas pueden ser utilizadas como explantos para la micropropagación. En este caso, el tamaño del explanto es decisivo. En general, cuanto más grande es el explanto, mayor es la posibilidad de supervivencia de éste (Chawla, 2002). Otros estudios realizados indican que el estado fisiológico de la planta a partir de la cual se obtiene el explanto, la fase de crecimiento y la posición del explanto en la planta donante pueden influir en la respuesta del cultivo (Pierik, 1997). La citoquinina más utilizada es la BA, seguido de kinetina y 2iP. Las auxinas exógenas no promueven la proliferación de yemas axilares, pero generalmente cuando los brotes obtenidos presentan cierta longitud, son transferidos a un medio con concentraciones bajas de citoquininas y altas de auxinas con el fin de promover la formación *de novo* de raíces adventicias en los brotes (Chawla, 2002).

La organogénesis es un proceso de diferenciación mediante el cual se forman órganos vegetales, tales como raíces, yemas, flores, tallos o embrioides bien sea de forma adventicia directamente de un explanto carente de un meristema preformado o bien *de novo*, indirectamente a partir de un callo. En este proceso las células y tejidos son forzadas a tener cambios para la producción de una estructura unipolar, un primordio, cuyo sistema vascular casi siempre está conectado a los tejidos parentales.

En la organogénesis se puede hablar de tres fases. La primera, se denomina desdiferenciación, en ella, las células adquieren la capacidad para responder a las señales hormonales. Esta fase a su vez puede subdividirse en dos fases, una en la que las células son capaces de iniciar la proliferación y la rizogénesis y la segunda en la que las células adquieren capacidad para la caulogénesis. Durante la segunda fase, las células desdiferenciadas son canalizadas para la formación de un órgano concreto, en respuesta al suministro exógeno de hormonas o reguladores del crecimiento.

Finalmente, en la tercera fase la organogénesis o morfogénesis específica ocurre ya de forma independiente de las fitohormonas exógenas (Sugiyama, 1999).

En el caso de la organogénesis indirecta, los explantos pueden ser inducidos para formar callo, una estructura constituida por una masa de células más o menos organizada que generalmente se origina como respuesta a heridas realizadas en órganos y tejidos ya diferenciados, así, un callo no es homogéneo, está formado por células diferenciadas e indiferenciadas. La formación del callo depende del tipo de regulador, de su concentración y de la proporción auxina/citoquinina (Thomas y Davey, 1975). El tipo de regulador del crecimiento y su concentración en el medio depende del genotipo y del contenido endógeno de hormonas del explanto, siendo necesario aportar, según el caso, sólo auxinas, sólo citoquininas o ambas. Las auxinas, en concentraciones moderadas son las más usadas para la formación de callos, entre ellas, la más utilizada es el 2,4-D. Una concentración alta de auxina y baja de citoquinina en el medio promueve la proliferación celular en algunas especies, con la consecuente formación de callo. Las más utilizadas son la kinetina y la benziladenina (Chawla, 2002).

Los estudios de Skoog y Miller (1957) demostraron que la formación de órganos resulta de las interacciones cuantitativas entre reguladores del crecimiento, particularmente auxinas y citoquininas y otros metabolitos. En tabaco se demostró que una concentración alta de auxina con respecto a citoquinina favorece la formación de raíces, si se aumenta la concentración de citoquinina con respecto a auxina se favorece la formación de tallos y una proporción intermedia promueve la proliferación de callos.

Así, la interacción química de sustancias juega un papel fundamental en la regulación del crecimiento y el desarrollo (Brown y Thorpe, 1986).

También son igualmente importantes otros factores para la formación de callos, entre ellos, el tipo de material del que proviene el explanto (juvenil o adulto) y la posición original del explanto en la planta donante, así como también el genotipo, la composición del medio nutritivo y los factores físicos como luz, temperatura, etc. (Chawla, 2002).

2.1.2.1. Propagación *in vitro* de *Aloe vera.*

Aloe vera se reproduce vegetativamente, sin embargo, la tasa de propagación es muy lenta como para suplir la creciente demanda comercial (Meyer y van Staden, 1991).

Según Natali et al. (1990), el modo por el que el aloe se propaga en la naturaleza ha provocado una reducción en su variabilidad genética, lo que representa una desventaja para afrontar cambios ambientales o resistencia a plagas y enfermedades. Estas son las razones principales por las que se hace necesario lograr la micropropagación de *Aloe vera* mediante cultivo de tejidos *in vitro*.

Hasta hace poco, el cultivo *in vitro* de especies pertenecientes al género *Aloe* ha recibido poca atención. Los primeros en trabajar con cultivos *in vitro* de *Aloe* fueron Groenewald et al. (1975), quienes lograron la diferenciación de raíces y tallos en *Aloe pretoriensis* a partir de explantos de semilla.

En *Aloe vera*, la micropropagación ha sido lograda por Natali et al. (1990) utilizando el medio de cultivo Murashige y Skoog (MS) suplementado con 2,4-D y kinetina.

Poco después, Meyer y van Staden (1991) obtuvieron un gran número de plantas producidas *in vitro* con la adición de IBA al medio de MS.

En cuanto a la callogénesis en *Aloe vera*, en 1987, Racchi cultivó diferentes explantos de *Aloe ferox* Mill. y obtuvo callos a partir de tejidos de semillas, los cuales al ser subcultivados en el mismo medio, produjeron brotes de embriones somáticos que se desarrollaron en plantas.

Roy y Sarkar (1991) obtuvieron callos de *Aloe vera* a partir de explantos de segmentos axilares de tallo con medio MS y 2,4-D y kinetina.

Castorena et al. (1988) encontraron baja capacidad morfogenética en *Aloe barbadensis* Miller, relacionada con variaciones en el contenido de ADN nuclear, ya que sólo los callos diploides mostraron capacidad morfogénica.

2.1.3. Cultivos de células en suspensión.

Un cultivo de suspensiones celulares consiste en agregados de células que son dispersados y que crecen en un medio líquido en agitación. Normalmente se inician transfiriendo trozos de callos disgregables e indiferenciados a un medio líquido, el cual está en agitación constante, aunque pueden iniciarse a partir de semillas, embriones u hojas, homogenizadas por métodos mecánicos. El éxito en el establecimiento de las suspensiones celulares depende del callo usado inicialmente, especialmente de la tasa de crecimiento y de la textura de éste.

En los cultivos en suspensión, las células crecen en un volumen fijo de medio de cultivo. La biomasa se incrementa por división celular hasta que la disponibilidad de nutrientes y de oxígeno se hacen limitantes y el crecimiento cesa. Las células en cultivo exhiben las siguientes 5 fases de un ciclo de crecimiento:

i. una fase logarítmica, donde las células se preparan para dividirse,
ii. una fase exponencial, en la que la velocidad de la división celular es más alta,
iii. la fase lineal, donde la división de las células disminuye pero la velocidad de elongación celular se incrementa,
iv. fase de desaceleración, en la que la velocidad de división celular y elongación disminuyen,
v. fase estacionaria, donde el número y el tamaño de las células permanece constante.

Cuando las células son subcultivadas en medio fresco se inicia una fase logarítmica. Es el periodo inicial del cultivo cuando no hay división celular aparente. Esta fase puede usarse como referencia para la síntesis de un metabolito específico o para medir alguna actividad específica. Luego, sigue un periodo de división celular (fase exponencial). En éste, la velocidad de incremento de la biomasa es constante y puede medirse. Después de 3 ó 4 generaciones de células, el crecimiento cesa. Finalmente, la población celular alcanza una fase estacionaria durante la cual el peso seco de las células disminuye. Es la última fase del ciclo de crecimiento del cultivo donde no hay síntesis aparente de metabolitos ni tampoco incremento en biomasa.

Los cultivos pueden mantenerse continuamente en la fase exponencial mediante cambios frecuentes (cada 2 ó 3 días) a medio fresco.

La estabilidad de las células en la fase estacionaria depende de la especie y de la naturaleza del factor limitante del crecimiento. Las células mantenidas en la fase estacionaria por limitación de nitrógeno retienen la viabilidad durante más tiempo que cuando faltan carbohidratos.

En general, el propósito de los cultivos celulares en suspensión es obtener altas velocidades de crecimiento celular con células uniformes y que se mantengan viables. El subcultivo frecuente casi siempre permite asegurar estas condiciones (Chawla, 2002).

Frecuentemente, las suspensiones celulares no muestran los resultados esperados en cuanto a la producción de metabolitos secundarios, de hecho, muchas veces las cantidades encontradas en suspensiones celulares son mucho menores a las encontradas en las plantas silvestres. No obstante, las suspensiones son el sistema de cultivo más rápido y fácil de mantener y hoy en día, a través de la manipulación de las condiciones y

medios de cultivo, puede lograrse la producción de metabolitos secundarios incluso en cantidades más altas que las observadas en las plantas silvestres. Además, a pesar del bajo rendimiento en productos secundarios que puede presentarse en algunos casos, los niveles y actividades enzimáticas en los cultivos en suspensión son muy altas, por lo que este tipo de cultivo constituye una excelente fuente para la purificación y estudio de las actividades enzimáticas (Stafford, 1991).

En este sentido, las suspensiones celulares constituyen una fuente importante para la producción de metabolitos secundarios de importancia económica y medicinal. Incluso, muchos productos han sido aislados primero a partir de cultivos y luego identificados en la planta que los produce. Por tanto, es posible que las concentraciones a las que se produce ese compuesto en la planta sean muy pequeñas y no puedan ser detectadas por métodos analíticos. Otra razón que puede explicar la ausencia aparente de estos compuestos es que muchas veces estos metabolitos sólo se encuentran en ciertos órganos de la planta que los produce. Muchas veces estos metabolitos en las suspensiones celulares se acumulan en las células o son liberados al medio de cultivo (Chawla, 2002). Así, la acumulación de metabolitos secundarios depende de las condiciones nutritivas y ambientales, del tipo de patógeno que ataque a la planta y otros factores exógenos y endógenos (Gräther y Schneider, 2001).

Los efectos que provoca la alteración de los nutrientes en el medio de cultivo son críticos para la producción de metabolitos. Por ejemplo, en suspensiones de *Drosera capensis* L. se produce 7-metiljuglona dependiendo de la composición del medio (Hook et al., 1997; 2001). En las células de *Saussurea medusa* Maxim, una relación 1:5 de NH_4^+ y NO_3^- incrementó la producción de jaceosidina (Zhao et al., 2001).

La expresión de los genes del metabolismo secundario puede alterarse seleccionando ciertos clones durante cultivos de larga duración bajo ciertas condiciones (Gräther y Schneider, 2001), lo cual no es más que la selección sistemática de aquellas células que presentan mejor crecimiento en una población heterogénea, aunque, por supuesto, el rendimiento de las células que se encuentran en cultivos en suspensión es muy bajo debido a la ausencia de tejidos u órganos diferenciados (Chawla, 2002). De igual manera, la reducción o pérdida de actividad de una enzima involucrada en una ruta biosintética puede causar la acumulación de precursores o crear rutas biosintéticas alternativas que no existen en la planta silvestre.

El tipo y concentración de hormonas en los cultivos en suspensión es otro factor de gran importancia para la síntesis de metabolitos secundarios. En general, se ha visto que las auxinas son más eficaces para inducir la producción de metabolitos que las citoquininas. No obstante, la presencia de 2,4-D en el medio de cultivo de suspensiones celulares de *Saussurea medusa* no fue favorable para la producción de jaceosidina (Zhao et al., 2001).

Las combinaciones y distintas concentraciones de las diversas hormonas pueden llevar a conseguir un efecto óptimo en la producción de metabolitos secundarios. Por ejemplo, se ha observado que para la producción de nicotina en cultivos celulares de tabaco, la mejor combinación en la fase de crecimiento con medio MS es ANA a 10^{-5} M y kinetina a 10^{-6} M, mientras que la fase de producción es óptima con MS y niveles reducidos de hormonas (10^{-6} M de ANA y 10^{-7} M de kinetina) (Chawla, 2002).

La diversidad de productos naturales obtenidos a partir de cultivos en suspensión es muy amplia y comprende muchas familias de plantas. Entre las primeras especies estudiadas en suspensiones celulares están las de la familia *Rubiaceae*. En los géneros *Cinchona*, *Morinda* y *Ophiorrhiza* se han encontrado más de 30 tipos de antraquinonas, así mismo, son conocidas las antraquinonas encontradas en el género *Cassia* (*C. didymobotrya y C. occidentalis*). Los productos naturales aislados de los cultivos celulares de la familia *Solanaceae* exhiben igual diversidad; entre los que se encuentran sesquiterpenoides, alcaloides y esteroides (Gräther y Schneider, 2001). Igualmente, son ampliamente conocidos los metabolitos secundarios de la familia *Digitalis* debido a que producen glicósidos cardiotónicos, de gran importancia farmacológica pues son empleados en el tratamiento de enfermedades del corazón. La producción de taxol a partir de *Taxus mairei* L., la de imperatorina de *Angelica dahurica* var. *formosana* y la de diosgenina a partir de *Dioscorea doryophora* Hance, se ha obtenido utilizando cultivos en suspensión (Vanisree et al., 2004), debido a la facilidad de este tipo de cultivos y la rapidez en la obtención de compuestos.

2.1.4. Elicitores.

Las plantas son capaces de responder ante el ataque de patógenos o ante situaciones de estrés físico o químico mediante una serie de reacciones de defensa que incluyen la activación del flujo de iones, la activación de la cascada de las kinasas y la generación de especies reactivas al oxígeno y la producción de compuestos secundarios (Montesano et al., 2003). Los agentes bióticos o abióticos que inducen en los vegetales la producción de metabolitos secundarios, reciben el nombre de elicitores. Los elicitores bióticos (microorganismos o varios componentes de agentes patógenos o no patógenos) pueden causar con frecuencia la acumulación de metabolitos de bajo peso molecular conocidos como fitoalexinas (Müller, 1956; Kuc, 1972). La elicitación de fitoalexinas en cultivos de tejidos de algunos miembros de la familia *Solanaceae* ha sido ampliamente estudiado (Threlfall y Whitehead, 1988). Los productos secundarios que se forman en respuesta a estímulos externos o mediante la aplicación de elicitores pueden ser inducibles y este hecho es utilizado para desarrollar técnicas que puedan estimular la producción de estos compuestos en cultivos o para la síntesis de otros de mayor interés.

El efecto producido por un elicitor biótico o abiótico sobre cultivos celulares depende de varios factores que pueden interaccionar. Estos incluyen la especificidad del elicitor (Darvill y Albersheim, 1984), la concentración utilizada del mismo (Funk et al., 1987), la duración del tratamiento y el estado de crecimiento del cultivo (Eilert et al., 1986). Randhir et al. (2002) utilizaron una serie de elicitores bióticos en semillas de guisantes, entre estos, el extracto de orégano, hidrolizado de proteínas de pescado y lactoferrina, encontrando que la mayoría de los elicitores estimularon la producción de compuestos fenólicos.

Como elicitores abióticos se pueden considerar diversos agentes físicos o químicos, entre ellos, los cambios de pH (Wink, 1985), el estrés osmótico (Rudge y Morris, 1986) y metales pesados (Watson y Brooks, 1984). Muchos compuestos químicos como el $CuSO_4$, NaCl, H_2SO_4 y $Ca(OCl)_2$, pueden causar un incremento de la producción de metabolitos secundarios (Bourgaud et al., 2001). Otros autores, como Threlfall y Whitehead (1988) observaron que la adición de iones Cu^{2+} a cultivos en suspensión de *Datura stramonium* L. inducía la formación de sesquiterpenoides. Tumová et al. (2001) observaron que los iones Ni^{2+} y Co^{2+} incrementaban la producción de flavonoides en callos de *Ononis arvensis* L. (*Fabaceae*).

En cultivares de guisantes resistentes al hongo *Colletotrichum lindemuthianum* tratados con $CuCl_2$, la producción de faseolina (fitoalexina isoflavonoide) fue mucho mayor, lo cual indica una relación entre la acumulación de dicha fitoalexina y el mecanismo de defensa de la planta (Durango et al., 2002). La producción de taxol aumentó con la adición de ácido salicílico a suspensiones celulares de *Taxus chinensis* L. (Lan et al., 2002). Spollansky et al. (2000) observaron que la adición de $CaCl_2$ y ácido salicílico a cultivos de raíces de *Brugmansia candida* Pers. incrementaba la acumulación de los alcaloides escopolamina e hiosciamina.

La exposición a metales pesados puede causar distintas respuestas por parte de las células, por ejemplo, se disparan los sistemas de defensa contra el estrés oxidativo (Schützendübel y Polle, 2002; Pickard et al., 2003; Mori y Schroeder, 2004) y se altera la actividad de algunas enzimas así como el crecimiento y el metabolismo del nitrógeno en las plantas (Gerendás et al., 1998; Gerendás y Sattelmacher, 1999; Jonak et al., 2004). El mecanismo por el cual los iones metálicos actúan favoreciendo la formación de metabolitos secundarios no es muy conocido; quizás puedan actuar uniéndose a constituyentes biológicos de las células (Schützendübel y Polle, 2002) o tal vez actúen a través de un mecanismo común en un sistema dado (Clarkson y Lüttge, 1989).

3. METABOLITOS SECUNDARIOS EN *Aloe vera*.

El mucílago de las hojas de *Aloe vera* está compuesto en un 99,5% por agua y el 0,5% restante es una mezcla compleja de mucopolisacáridos, aminoácidos, glucósidos de hidroxiquinona y minerales (McKeown, 1987), que presentan innumerables beneficios no sólo medicinales sino también cosméticos (Oliva, 1981; Winters y Yang, 1996). Esta planta ha sido usada para el cuidado de la piel, como protector solar, para las picaduras de insectos, quemaduras, abrasiones, acné, alergias, úlceras y eczemas (Cosmetics & Toiletries, 1983; McKeown, 1987; Danhof, 1987).

En este sentido, se han aislado una serie de compuestos útiles tanto en la industria farmacéutica como en la cosmética. Varias antraquinonas, antronas, cromonas y compuestos C-glucosídicos han sido aislados de diferentes especies de *Aloe* (Park et al., 1998; Okamura et al., 1996) junto con mucopolisacáridos, glicoproteínas, enzimas, ácido salicílico, ácidos grasos, etc. (Klein y Penneys, 1988; Capasso et al., 1998).

Son innumerables las propiedades que se le han atribuido al *Aloe vera* durante los últimos años. Esta planta es una de las más usadas por la medicina tradicional para el tratamiento de distintas enfermedades dermatológicas (Esquivel et al., 1986).

Por ejemplo, se ha demostrado que esta planta posee una carboxipeptidasa que inactiva la bradiquinina, el cual es uno de los principales mediadores en el proceso de la inflamación (McKeown, 1987; Klein y Penneys, 1988; Capasso et al., 1998). Está descrito que el gel de aloe usado en fresco tiene mayor capacidad antiinflamatoria que en forma procesada (Capasso et al., 1998), esto puede ser debido a la inestabilidad de los componentes activos como aloctina A y aloctina B (glicoproteínas) (Fujita et al., 1976; Capasso et al., 1998). Así mismo, otros resultados han puesto de manifiesto la presencia de sustancias en *Aloe vera* con propiedades antibacterianas, antimicóticas (Klein y Penneys, 1988), antioxidantes (Hu et al., 2001) y antivirales (Alves et al., 2004).

Así pues, la literatura proporciona evidencias de que el aloe es de gran valor para tratar quemaduras, abrasiones, psoriasis, Herpes simplex y otras enfermedades dermatológicas debido a su contenido de glicoproteínas, polisacáridos y enzimas (Grindlay y Reynolds, 1986; Hormann y Korting, 1994; Capasso et al., 1998).

Los polisacáridos presentes en el gel de *Aloe vera* están siendo estudiados como posibles agentes quimiopreventivos contra el cáncer (Kim et al., 1999). También, el acemanano, principal fracción glicosídica obtenida de las hojas de *Aloe vera*, parece tener importantes propiedades terapéuticas en la cicatrización de heridas, inmunoestimulador, efectos anticancerígenos y antivirales (Zhang et al., 1996). Lee et al. (1997) han purificado y caracterizado el acemanano de *A. vera*, que está compuesto por manosa (67%), un grupo acetilado (23%) y el resto es glucosa y galactosa.

En un estudio llevado a cabo en 34 especies diferentes de *Aloe* (van Zyl y Viljoen, 2002), se encontró que todas las especies estudiadas presentaban propiedad antimalárica contra el *Plasmodium falciparum*. Otros estudios realizados con extractos de hojas de *Aloe vera* han demostrado actividad antiviral contra el Herpes simplex tipo 1 (Rivero et al., 2002).

3.1. Compuestos Fenólicos.

La síntesis de muchos metabolitos secundarios en las plantas ocurre como un mecanismo de defensa de éstas frente al ataque de herbívoros, de patógenos o por situaciones de estrés biótico o abiótico. Cuando se desencadena la respuesta de defensa de la planta, se producen una serie de alteraciones bioquímicas y se activan los genes implicados en la respuesta, lo que lleva a la síntesis de nuevos compuestos, como los fenólicos. Muchos de los compuestos identificados en *Aloe vera* y que han demostrado poseer actividad biológica, son compuestos fenólicos. Por ello, algunos aspectos importantes sobre los compuestos fenólicos y sus funciones, son explicados a continuación, ya que constituyen el principal objeto de estudio de este trabajo.

Los compuestos fenólicos constituyen uno de los grupos de productos naturales más distribuidos en el reino vegetal y tienen gran significado tanto fisiológico como ecológico en las plantas que los producen (Piñol y Palazón, 1993).

Estos compuestos poseen al menos un anillo bencénico, con uno o más grupos hidroxilo, libres o sustituidos. La biosíntesis del anillo bencénico es uno de los procesos fundamentales de la biología, de especial significación fisiológica, genética, fitoquímica y ecológica para la planta y también quimiotaxonómica por la variedad de compuestos específicos que produce (Piñol y Palazón, 1993).

La síntesis de los compuestos fenólicos puede ocurrir a través de dos rutas metabólicas esenciales: la del ácido siquímico y la de los poliacetatos. La ruta del ácido siquímico, mayoritaria en las plantas superiores, parte de la eritrosa-4-fosfato y del ácido fosfoenolpirúvico y conduce, mediante la síntesis de aminoácidos aromáticos (fenilalanina y tirosina) a los ácidos cinnámico y sus derivados como fenoles sencillos, ácidos fenólicos y derivados, cumarinas, lignanos y derivados del fenilpropano. En la ruta de los poliacetatos, la condensación de unidades de acetato forma cadenas de poliacetatos que, posteriormente, por ciclación, dan origen a una diversidad de compuestos aromáticos como las quinonas, xantonas, orcinoles, etc. Igualmente, algunos compuestos fenólicos, como los flavonoides, se originan a través de rutas mixtas, que combinan la vía del siquimato y la del acetato (Figura 2).

Los compuestos fenólicos se sintetizan en ciertas células especializadas de las plantas y son almacenados en sus vacuolas durante los procesos normales de diferenciación. Estas células están distribuidas en la mayoría de los tejidos y al parecer, la ubicación estratégica de dichas células en los tejidos está relacionada con los mecanismos de defensa que pueden desarrollar las plantas (Beckman, 2000) puesto que, debido a la naturaleza citotóxica de estas sustancias, son almacenadas en vacuolas o incluso en compartimientos más especializados como laticíferos y pelos glandulares y sólo son utilizadas por las plantas ante un ataque de animales herbívoros y contra insectos y hongos.

Los compuestos fenólicos no sólo se utilizan como marcadores en quimiotaxonomía, también son muy conocidas las propiedades antioxidantes (Lachman et al., 2000) y fotoprotectoras de éstos (Yen et al., 1998). Muchos de estos compuestos son biológicamente activos y poseen efectos fisiológicos importantes (Seigler, 1998).

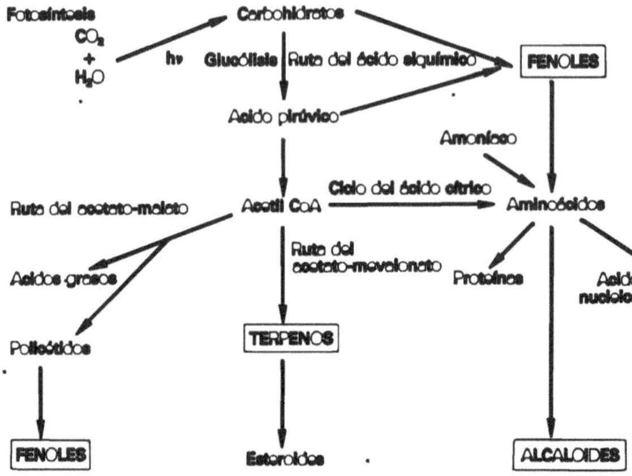

Figura 2. Biosíntesis de compuestos fenólicos en las plantas (Piñol y Palazón, 1993).

Otros compuestos fenólicos pueden proteger a las plantas contra enfermedades (Harborne, 1993). Es el caso de las antraquinonas extraídas de diferentes especies de *Aloe* que exhiben actividad antibacteriana (Levin et al., 1988).

Así mismo, algunos compuestos fenólicos, como los polifenoles, han sido relacionados con procesos de crecimiento y de organogénesis (Marigo, 1979; Mosella-Chancel et al., 1980). Están relacionados con el control del enraizamiento regulando la acción de las auxinas, en algunas ocasiones actuando como cofactores rizogénicos o influyendo sobre la oxidación de las auxinas (Zobel y Talbert, 1994; Latsague y Lara, 2003). También intervienen en la síntesis de la lignina (Hahlbrock y Schell, 1989).

3.2. Principales compuestos identificados en *Aloe vera*.

Las plantas de *Aloe vera* tienen en la actualidad gran importancia debido a que producen una serie de metabolitos secundarios, muy empleados en la industria cosmética y farmacológica. Entre estos compuestos se encuentran varias antronas, cromonas y fenil pironas, la mayoría de los cuales han sido identificados y caracterizados utilizando técnicas espectroscópicas (Park et al., 1998; Okamura et al., 1996, 1997, 1998; Winters y Yang, 1996; Ali et al., 1999).

La mayoría de los estudios se han llevado a cabo utilizando el gel de las hojas de *A. vera* (Norton, 1990; Akev y Can, 1990; Femenia et al., 1999). Esto ha permitido determinar que el contenido de algunos metabolitos en *Aloe* varía dependiendo del órgano de la planta en el cual se produce. Por ejemplo, se encontró que el contenido de los glucósidos de antrona barbaloína, homonataloína y nataloína es más alto en las hojas jóvenes que en las maduras (Chaufer-Volfson y Gutterman, 1998). Igualmente, Saleem (1997) aisló un nuevo compuesto de las raíces de *A. barbadensis* denominándolo aloe barbendol mientras que los otros tres constituyentes ya conocidos, aloe emodina, aloe crisona y barbaloína A los encontró en las hojas de la planta.

En *A. vera* se han descrito compuestos fenólicos ubicados en las hojas y raíces de la planta (Okamura et al., 1996; Hirata y Suga, 1977). Así, Park et al. (1998), demostraron la presencia de 11 compuestos fenólicos en *A. vera* mediante el análisis con HPLC. Estos compuestos son: aloesina, 8-C-glucosil-7-0-metil-(S)-aloesol, neoaloesina A, 8-0-metil-7-hidroxialoína A y B, 10-hidroxialoína A, isoaloeresina D, aloína A y B, aloeresina E y aloe-emodina. La Figura 3 muestra la estructura química de trece compuestos fenólicos identificados en *Aloe vera*.

Entre los principales componentes de *Aloe vera* se encuentran, en este orden, la aloína, aloesina, aloeresina y en menor proporción aloe-emodina, que, aunque no está entre los componentes mayoritarios del aloe, sus múltiples propiedades medicinales lo hacen un compuesto de suma importancia para el hombre.

La aloína, también conocida como barbaloína, es el constituyente mayoritario de *Aloe vera* (Groom y Reynolds, 1986). Es una antrona C-glucosídica, mezcla de dos diasteroisómeros, la aloína A (configuración en el C10, C1´:S,S) y la aloína B (R,S) (Manitto et al., 1990) y también se ha encontrado en *Rhamnus purshiana* DC. Las aloínas son antraquinonas con un amplio espectro de funciones (Grindlay y Reynolds, 1986; Waller et al., 1978). Es un potente antibiótico con propiedades bactericidas y antivíricas que a la vez tienen efecto analgésico (Capasso et al., 1998; Joshi, 1998). La aloína pura es un poderoso laxante. Parece ser que su mecanismo de acción es a través de la acumulación de agua en el intestino

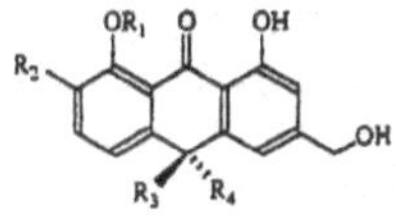

Antronas

Compuestos	R_1	R_2	R_3	R_4
aloe-emodina	H	H	C=O	
aloína A	H	H	C-glucopiranosil	H
aloína B	H	H	H	C-glucopiranosil
hidroxialoína A	CH_3	OH	C-glucopiranosil	H
hidroxialoína B	CH_3	OH	H	C-glucopiranosil
10-hidroxialoína A	H	H	C-glucopiranosil	OH

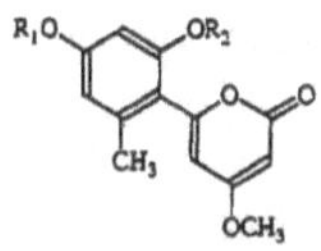

Fenil pironas

Compuestos	R_1	R_2
aloenina	H	glucopiranosil
aloenina B	glucopiranosil	glucopiranosil-2'-p-cumaril

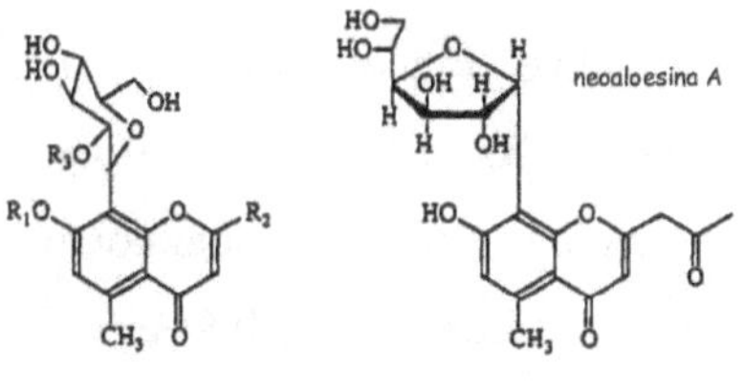

Cromonas

Compuestos	R_1	R_2	R_3
aloesina	H	CH_2COCH_3	H
aloesol	CH_3	CH_2CCH_3 (H, OH)	H
isoaloeresina D	CH_3	CH_2CCH_3 (H, OH)	p-(E)-cumaril
aloeresina E	CH_3	CH_2CCH_3 (H, OH)	(E)-cinnamil

Figura 3. Estructuras químicas de los principales compuestos fenólicos identificados en *Aloe vera* (Park et al., 1998).

activando el transporte de Na^+ (Ishii et al., 1990) o por secreción de agua debido a un mecanismo dependiente de prostaglandinas (Capasso et al., 1983). Son también notables sus cualidades como calmante del dolor y regenerador de los tejidos. También es antifúngico y anestésico. Igualmente, se ha visto que posee propiedades antimaláricas (van Zyl y Viljoen, 2002) y algunos estudios le atribuyen funciones en los mecanismos de defensa de la planta contra herbívoros (Gutterman y Chauser-Volfson, 2000a y b). Las aloínas poseen numerosas aplicaciones dermatológicas que están basadas en su capacidad para inhibir la actividad de las colagenasas y metaloproteasas (Chithra et al., 1998; Barrantes y Guinea, 2003). Según las Farmacopeas Internacionales, la aloína es el elemento determinante que ha de estar presente en cualquier producto comercial preparado con *Aloe*, ya que siendo el principal constituyente del aloe y poseedor de la mayoría de las propiedades medicinales y cosméticas conocidas del aloe, es utilizado como compuesto clave para los controles de calidad (Zonta et al., 1995).

Otro constituyente importante de *Aloe vera* es la aloesina, anteriormente conocida como aloeresina B (Haynes et al., 1970). Es un C-glicósido, con el residuo glucosídico ligado al carbono 8 de un núcleo 2-acetonil-7-hidroxi-5-metilcromónico. A los derivados de la aloesina se les han atribuido propiedades antioxidantes y antiinflamatorias (Yagi et al., 2000). Park et al. (1998), en un estudio realizado en hojas de *Aloe vera*, proponen usar la aloesina como compuesto clave para los estudios de control de calidad, puesto que esta sustancia muestra menores variaciones estacionales que la aloína y además de ser más estable es resistente a la hidrólisis (por ácidos o bases) y a las altas temperaturas. La aloína es un compuesto que ha sido encontrado en otras plantas (Fairbain y Simic, 1960), sin embargo, la aloesina sólo está presente en el género *Aloe* (Franz y Gruen, 1983). La aloe-emodina es el principal producto derivado de la oxidación de la aloína (Manitto et al., 1990; Zonta et al., 1995) (Figura 4); en la flora intestinal ocurre la transformación del glucósido de la aloína en su derivado no glucósido, aloe-emodina (Akao et al., 1996) que ejerce su efecto laxante dañando las células epiteliales del intestino largo, provocando cambios en la absorción, secreción y motilidad (Mueller et al., 1999; Van den Gorkom et al., 1999). Su acción laxante también se produce inhibiendo el transporte de iones a través de las células del colon (Rauwald, 1998). Este metabolito secundario es otro constituyente importante de aloe, que, aunque se encuentra en cantidades mínimas en la planta, actualmente, numerosas investigaciones le otorgan propiedades antioxidantes (Vargas y Díaz, 2003) y antileucémicas (Morris y Karim, 1976). Estudios recientes han mostrado que la aloe-emodina también posee propiedades anticancerígenas, inhibiendo la proliferación de células en el carcinoma de Merkel (Wasserman et al., 2002) o induciendo la apoptosis celular a través de la expresión de los genes p53 y p21 (Kuo et al., 2002). De igual forma, se ha demostrado que la aloe-emodina posee actividad antiviral contra poliovirus tipo 3, contra virus del herpes simplex tipos 1 y 2, virus de la varicela zoster, virus pseudorabies y el virus de la influenza (Sydiskis et al., 1991; Semple et al., 2001). Camacho et al. (2000) describieron actividad antiprotozoica de la aloe-emodina contra el *Trypanosoma brucei* brucei, mientras que Agarwal et al. (2000) encontraron que la aloe-emodina posee actividad antifúngica contra *Candida albicans, Crytococcus neoformans, Trichophyton mentagrophytes y Aspergillus fumigatus.* Las emodinas en general, como la aloe-emodina, emodina, rheina, crisofanol y physcion, presentes en las plantas superiores, poseen innumerables propiedades terapéuticas, cosméticas y fisiológicas para las plantas que las poseen. La aloe-emodina, en particular, posee una amplia diversidad de actividades biológicas, este metabolito secundario parece servir de mediador entre la planta y las diferentes interacciones ecológicas a las que ésta se ve sometida, facilitando la supervivencia de la planta de los riesgos causados por factores bióticos y abióticos (Izhaki, 2002). Estudios recientes indican que las emodinas poseen diversos modos de acción y muchas de sus actividades biológicas son dosis-dependientes (Boik, 1995). La localización de este metabolito secundario en varios órganos de la misma planta con diferentes concentraciones, proporciona evidencias de la multifuncionalidad de este metabolito, debido a ello, a ciertas concentraciones, la emodina puede ser tóxica ayudando a regular las interacciones planta-planta, planta-animal, planta-microorganismo y planta-factores abióticos (Izhaki, 2002).

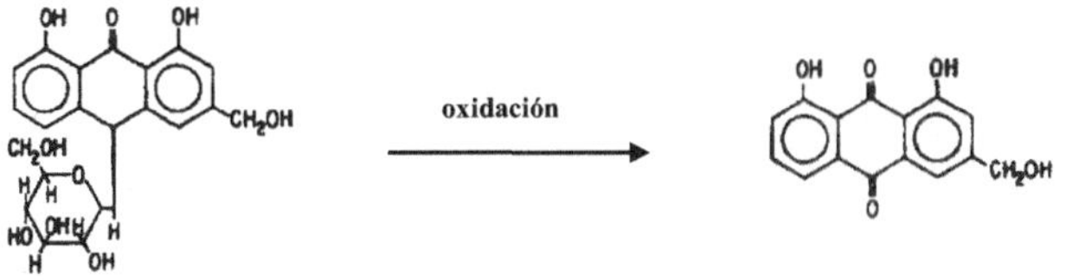

Figura 4. Oxidación de la aloína para dar origen a la aloe-emodina.

Las múltiples actividades biológicas de los constituyentes de *Aloe vera*, especialmente de las antraquinonas aloína y aloe-emodina, han hecho que los investigadores piensen que estos dos metabolitos pueden promover una serie de cambios en la membrana celular y el conocimiento del mecanismo involucrado en dichos cambios podría ser utilizado para aumentar la actividad antimicrobiana de estos compuestos (Alves et al., 2004). A pesar de esto, la mayoría de los autores coinciden en que los efectos beneficiosos que *Aloe vera* ejerce sobre el organismo se deben al efecto sinérgico que sobre éste ejercen la totalidad de los componentes de la planta (Davis, 1993).

II. JUSTIFICACIÓN Y OBJETIVOS

Aloe vera L. (*Aloe barbadensis* Miller), objeto de estudio del presente trabajo, es una planta muy distribuida en todo el mundo. La mayoría de los autores señalan su origen en Sudáfrica (Ballester, 1978; Izco et al., 1997; Bruneton, 1999), sin embargo, puede encontrarse en todo el continente africano y en las zonas más cálidas de América, Grecia, Italia y España (Reynolds, 1966; Bruneton, 1999).

La sábila, como se le conoce comúnmente en el continente americano, es una de las especies de mayor importancia económica y medicinal actualmente por la gran cantidad de metabolitos secundarios con propiedades medicinales y cosméticas. Entre estos se encuentran las antraquinonas y cromonas. De las antraquinonas la más reconocida es la aloína, con una amplia gama de propiedades medicinales (Joshi, 1998). La otra antraquinona importante por las propiedades medicinales que se le han atribuido en estos últimos años, es la aloe-emodina. Entre las cromonas, la más importante, por su alto contenido en la planta después de la aloína y por supuesto, por sus propiedades farmacológicas, es la aloesina.

El cultivo *in vitro* se ha utilizado para la obtención de compuestos de interés farmacéutico, agroalimentario e industrial. De hecho, durante muchos años, las investigaciones en esta área demostraron que la producción de algunos compuestos era igual o superior a los de la planta parental. De esta manera, el empleo de los cultivos *in vitro* se convirtió en herramienta fundamental para la industria, que ha comercializado los metabolitos obtenidos a partir de diferentes especies de plantas. Es el caso de la shikonina, de *Lithospermum erythrorhizon* por la compañía Mitsui Petrochemical Ind. Ltd., Gingenósido de *Panax ginseng* C.A. Mayer y Purpurina de *Rubia akane* por Nitto Denko Corp. y Taxol de *Taxus cuspidata* L. por Pitón Inc. en asociación con Bristol-Myers Squibb Co.

La alta demanda comercial que existe hoy en día de los metabolitos secundarios con actividad biológica producidos por *Aloe vera*, ha hecho que el cultivo tradicional de esta planta se haga insuficiente para satisfacer el mercado actual; además, las características fisiológicas y genéticas de esta planta de clima xerofítico, le impiden desarrollarse en climas templados o fríos. Así mismo, el establecimiento de cultivos *in vitro* de esta planta es realmente dificultoso, porque el alto contenido de compuestos fenólicos produce ennegrecimiento de los medios de cultivo y provoca la necrosis de los tejidos. Por ello, se hace necesario desarrollar programas de micropropagación eficaces de *Aloe vera* con el objeto de incrementar la población de plantas, abaratar los costes por unidad, investigar el potencial organogénico-embriogénico, así como el desarrollo de líneas celulares que permitan la producción de metabolitos secundarios *in vitro* con las mismas propiedades terapéuticas que los producidos por la planta natural, pero con una alta productividad y pureza.

Entre los más de 200 compuestos que posee el *Aloe vera*, hemos seleccionado la aloína, aloesina y aloe-emodina, no sólo por sus probadas propiedades medicinales y cosméticas, sino también por su importancia fisiológica en la planta, porque están implicadas en los mecanismos de defensa frente a agresiones del medio ambiente y de herbívoros, de esta forma, se comprobará la presencia de estos metabolitos y se estimará su contenido en material obtenido *in vitro* con el fin de presentar una vía alternativa para la producción de estos compuestos a través de cultivo *in vitro*. Además, los resultados obtenidos a partir de este estudio, pueden servir de base para posteriores estudios de biotransformación y de ingeniería metabólica.

Los objetivos de este trabajo son los siguientes:

1. Determinar cuáles son las condiciones ambientales y hormonales que favorecen la producción de aloína, aloesina y aloe-emodina en cultivos de yemas apicales, hojas de plantas regeneradas, callos y suspensiones celulares de *Aloe vera*.
2. Determinar el efecto que ejercen diferentes elicitores sobre la producción de aloína, aloesina y aloe-emodina en las suspensiones celulares de *Aloe vera.*

De esta manera, se pretende ampliar el conocimiento acerca del crecimiento *in vitro* de *Aloe vera*. Considerando la importancia económica y comercial de *A. vera* en la actualidad y sus usos en la medicina y cosmética, es de esperar que en el futuro esta planta continúe siendo de gran interés para el hombre.

III. MATERIAL Y MÉTODOS

1. MULTIPLICACIÓN A PARTIR DE YEMAS APICALES.

1.1. Material vegetal y medios de cultivo.

1.1.1. Plantas.

Las plantas de *Aloe vera* L. proceden de la ciudad de Maracaibo (Zulia, Venezuela). El mantenimiento se ha realizado en el Área de Apoyo a la Investigación Agrobiológica de la RIADIT del Campus de Lugo de la Universidad de Santiago de Compostela, en condiciones estables de fotoperiodo con 16 h de luz y 8 h de oscuridad y temperaturas diurnas de 23±1°C y nocturnas de 20±1°C.

1.1.2. Semillas.

Un lote de semillas de *A. vera* fueron donadas por Joseph Clemens, Tucson (Arizona, USA) y otro lote fue adquirido a Silverhill Seeds, Cape Town, South Africa. Estas semillas se mantuvieron en nevera a 4°C hasta su utilización.

Las semillas fueron germinadas en condiciones estériles y proporcionaron material para la obtención de explantos de yemas apicales.

1.1.2.1. Esterilización de las semillas.

Previo a la siembra de las semillas, éstas se imbibieron durante 24 horas en agua destilada. Para su desinfección se sumergieron en etanol 70% durante 30 s, se lavaron en agua destilada estéril y se pasaron a una solución de hipoclorito sódico al 1% con tres gotas de Tween 20 durante 20 m y en agitación. Transcurrido este tiempo, se lavaron con agua destilada estéril hasta la total eliminación de los agentes desinfectantes.

1.1.2.2. Obtención de plántulas.

Las semillas estériles se sembraron en placas de Petri con agar al 1%. Todas las manipulaciones se hicieron en cabina de flujo laminar.

Las placas de Petri se colocaron en cámara de crecimiento con fotoperiodo de 12 h y a una temperatura de 25±1°C. Una vez germinadas las semillas (entre 7 y 10 días aproximadamente) y después de un tiempo de crecimiento de la plántula (30 días en total), éstas se transfirieron a frascos de cultivo que contenían 25 ml de medio de cultivo basal Murashige & Skoog (MS) (1962), estéril, suplementado con sacarosa en concentración de 3% y agar (SIGMA) al 1% como agente solidificante. El pH del medio se ajustó a 5,7-5,8.

Tanto los medios de cultivo como el material de vidrio y los utensilios se esterilizaron en autoclave durante 20 minutos a 1 atmósfera de presión y 121°C de temperatura.

La siembra y posterior transferencia de las plántulas a frascos de cultivo se realizó en condiciones de asepsia en cámara de flujo laminar.

Las plántulas se mantuvieron hasta que alcanzaron las dimensiones y desarrollo adecuados para su uso (2-3 meses) con subcultivos mensuales.

1.1.2.3. Obtención de explantos (yemas apicales).

Los explantos de yemas apicales se obtuvieron de plántulas crecidas *in vitro* a partir de semillas, de 2 a 3 meses de edad con un desarrollo normal.

Las plántulas se colocaron en placas de Petri estériles con papel de filtro estéril dentro de una cabina de flujo laminar con el fin de aislar las yemas apicales. Las yemas apicales se cortaron y se colocaron en frascos de cultivo (SIGMA con tapas MAGENTA B-CAP) con 25 ml de medio basal MS tal como ha sido descrito en el apartado anterior y con distintas concentraciones de sustancias reguladoras del crecimiento.

1.2. Utilización de antioxidantes en el medio de cultivo.

Los cultivos de *Aloe vera* liberaron gran cantidad de compuestos fenólicos que produjeron el ennegrecimiento y necrosamiento de los explantos, por lo que al medio de cultivo se le añadieron diferentes concentraciones de ácido ascórbico. Las concentraciones de ácido ascórbico utilizadas fueron: $5{,}68\times10^{-4}$; $2{,}9\times10^{-3}$; $5{,}7\times10^{-3}$ y $2{,}8\times10^{-2}$ M.

1.3. Medios de cultivo para la multiplicación de yemas.

Las yemas apicales provenientes de plántulas obtenidas de semillas se sembraron inicialmente en medio MS sin adicionar hormonas y posteriormente en los medios de cultivo descritos a continuación:

Tabla 1. Combinación de los reguladores de crecimiento en los medios de cultivo para la multiplicación de las yemas (concentración en M).

MEDIO DE CULTIVO	AUXINAS	CITOQUININAS	
	2,4-D	BA	Kin
MS (1)	$9{,}05x10^{-8}$	$2{,}22x10^{-6}$	
MS (2)	$2{,}26x10^{-6}$	$4{,}4x10^{-6}$	
MS (3)	$4{,}52x10^{-6}$	$2{,}22x10^{-5}$	
MS (4)	$2{,}26x10^{-6}$		$4{,}65x10^{-7}$
MS (5)	$4{,}52x10^{-6}$		$9{,}29x10^{-7}$
MS (6)	$4{,}52x10^{-6}$		$2{,}32x10^{-6}$
MS (7)	$4{,}52x10^{-6}$		$2{,}32x10^{-5}$
MS (8)	$4{,}52x10^{-7}$		$2{,}32x10^{-5}$
MS (9)	$2{,}26x10^{-6}$		$2{,}32x10^{-5}$
MS (10)	$4{,}52x10^{-6}$		$2{,}32x10^{-5}$
	ANA		
MS (11)	$5{,}37x10^{-7}$		$2{,}32x10^{-5}$
MS (12)	$2{,}69x10^{-6}$		$2{,}32x10^{-5}$

Se sembraron 10 yemas en estos medios (1 por frasco de cultivo) y se colocaron en cámaras de crecimiento con fotoperiodos de 12 y 16 h de luz.

La preparación de los medios de cultivo fue similar a la descrita con anterioridad. Los frascos de cultivo, con una yema en cada uno, se mantuvieron en cámara de crecimiento con 12 h de luz y 12 h de oscuridad a una temperatura de 25±1°C. Se realizaron subcultivos mensuales y se valoró la respuesta obtenida a partir de las yemas apicales midiendo la tasa de multiplicación en cada subcultivo, expresada como el número de nuevas yemas formadas a partir del explanto inicial.

La tasa de multiplicación obtenida en cada subcultivo y la longitud alcanzada por los nuevos brotes se expresaron como la media de todos los datos existentes, con un mínimo de 5 datos por cada medio de cultivo.

1.4. Enraizamiento.

Las yemas formadas en los medios fueron colocadas en medio MS con las sales reducidas a la mitad para inducir el enraizamiento de las mismas.

1.5. Aclimatación.

El proceso de aclimatación de las plantas obtenidas *in vitro* consistió en:

- Transferencia a un substrato estéril turba-perlita (1:1), humedecido con el mismo medio en el que se encontraba la yema, diluido a la mitad, donde permanecieron 30 días.

- Transferencia a macetas con substrato de igual concentración que en la fase anterior y en túnel de niebla con una humedad relativa del 80-100%.

2. CALLOGÉNESIS.

2.1. Callogénesis en hojas jóvenes de plantas silvestres.

Las hojas de plantas silvestres, de aproximadamente 10 cm de longitud, se esterilizaron y se cortaron en segmentos de aproximadamente 10-20 mm bajo condiciones de esterilidad en una cabina de flujo laminar FASTER.

Los explantos se colocaron en placas de Petri (Sterilin) desechables, de 90 mm de diámetro que contenían 25 ml de medio de cultivo MS (1962) suplementado con sacarosa al 3% y agar (SIGMA) al 0,9% como agente solidificante. El pH del medio se ajustó a 5,7-5,8. El medio fue suplementado con ácido ascórbico ($5,7 \times 10^{-3}$ M) para prevenir la oxidación en el medio de los compuestos fenólicos.

Los fragmentos de hojas jóvenes se sembraron en diferentes medios suplementados con auxinas y citoquininas según la Tabla 2, combinando cada concentración de auxina con las diferentes concentraciones de citoquininas. También se probaron las auxinas y citoquininas solas.

Tabla 2. Combinación de los reguladores del crecimiento en los medios de cultivo (concentración de los reguladores expresada en M).

AUXINAS			CITOQUININAS	
2,4-D	ANA	AIA	BA	Kin
$4{,}52x10^{-7}$	$5{,}37x10^{-7}$	$5{,}7x10^{-7}$	$4{,}4x10^{-7}$	$4{,}65x10^{-7}$
$2{,}26x10^{-6}$	$2{,}69x10^{-6}$	$2{,}85x10^{-6}$	$2{,}2x10^{-6}$	$2{,}32x10^{-6}$
$4{,}52x10^{-6}$	$5{,}37x10^{-6}$	$5{,}7x10^{-6}$	$4{,}4x10^{-6}$	$4{,}6x10^{-6}$
$9x10^{-6}$	$1{,}07x10^{-5}$	$1{,}14x10^{-5}$	$8{,}8x10^{-6}$	$9{,}3x10^{-6}$
			$1{,}3x10^{-5}$	$1{,}39x10^{-5}$
			$2{,}2x10^{-5}$	$2{,}32x10^{-5}$

Se utilizaron un total de 10 placas de Petri con 4 explantos de hoja cada una, para cada uno de los tratamientos antes mencionados. Las 10 placas sembradas en cada tratamiento se colocaron en cámara de crecimiento con fotoperiodo de 12 h de luz a 25±°C de temperatura.

Se cuantificó el número de explantos que formaron callo en los distintos tratamientos, realizándose sucesivos subcultivos de los mismos cada 4 semanas a medio fresco de igual composición.

2.2. Callogénesis en yemas apicales.

Los callos basales formados a partir de las yemas apicales se transfirieron a placas de Petri con medio de cultivo de igual composición para determinar el porcentaje de callos con raíces y/o yemas y el número de yemas por callo. Las yemas, posteriormente, se transfirieron a frascos de cultivo con el propósito de multiplicar y luego enraizar y aclimatar.

3. ESTABLECIMIENTO Y CULTIVO DE SUSPENSIONES CELULARES EN *Aloe vera*.

Para el establecimiento de las suspensiones celulares se utilizaron callos de *A. vera* obtenidos a partir de yemas apicales con las mejores características morfológicas. Para ello se colocó aproximadamente 3 g de material en matraces Erlenmeyer de 250 ml de capacidad con 50 ml de medio nutritivo líquido con la misma composición del medio donde se encontraban los callos, es decir, medio MS (1962). En el primer caso, el medio fue suplementado con $4{,}52x10^{-6}$ M de 2,4-D y $2{,}22x10^{-5}$ M de BA (medio MS3) y en el segundo caso, el medio se suplementó con $2{,}26x10^{-6}$ M de 2,4-D y 4,65x10^{-7} M de kinetina (medio MS4), con un pH entre 5,7-5,8, esterilizados en autoclave a 121°C durante 30 min. Se usaron estos medios ya que fueron los que produjeron mayor cantidad de callos con buenas características morfológicas, adecuadas para un buen cultivo en suspensión.

Los matraces sellados se colocaron sobre un agitador orbital Infors AG CH-4103 BOTTMINGEN a 114 r.p.m., a 25°C±2 y con un fotoperiodo de 12 h.

Una vez establecidos los cultivos, se subcultivaron en medio fresco cada 7 días.

3.1. Determinación del crecimiento celular.

La determinación del crecimiento celular es el primer paso dentro del estudio de las suspensiones celulares. Para este fin se sembró suficiente número de matraces con medio fresco, constituyendo éste el día 0 y continuando hasta el día 21 tomando muestras cada 3 días, por triplicado.

3.1.1. Viabilidad celular.

La determinación de la viabilidad celular se llevó a cabo usando tinción diferencial con diacetato de fluoresceína (FDA), según el método de Widholm (1972).

Se colocó una gota de suspensión celular sobre un portaobjetos con una gota de solución acuosa de diacetato de fluoresceína (0,1 μg/ml procedente de una solución stock constituida por 0,5 mg de diacetato de fluoresceína por ml de acetona) y se observó con microscopio de fluorescencia (región de excitación en el azul), espejo dicrómico en rango de 500-515 nm y un filtro a 515 nm.

Este método está basado en el hecho de que las moléculas de diacetato de fluoresceína en contacto con células vivas son hidrolizadas por esterasas celulares y la fluoresceína resultante es acumulada en el citoplasma celular. Cuando la fluoresceína es excitada por la luz, las células desprenden un brillo verde indicativo de su viabilidad.

3.1.2. Determinación del peso fresco y peso seco.

Para la determinación de la biomasa celular, las suspensiones celulares se filtraron a vacío sobre un filtro Whatman de 0,45 μm de diámetro de poro hasta la total separación del medio líquido. La masa de células se pesó inmediatamente constituyendo el peso fresco. Luego, se colocaron en papel de aluminio previamente pesado y se llevaron a estufa a 60°C. Una vez secas las muestras, se pesaron y por diferencia, se estableció el peso seco del cultivo del día correspondiente.

3.1.3. Determinación del consumo de nutrientes.

El medio líquido obtenido del filtrado de las suspensiones celulares fue utilizado para estudiar el consumo de nutrientes por parte de las células a lo largo de todo el cultivo. Este estudio fue paralelo a la evaluación de la capacidad de crecimiento. Con dicho fin se tomaron 10 ml del filtrado y se realizaron las siguientes valoraciones:

3.1.3.1. Valoración de azúcares totales.

Se utilizó el método del fenol-sulfúrico (Dubois et al., 1956). En un tubo de ensayo se añadieron: 0,5 ml de muestra, 0,5 ml de fenol al 5% y 2,5 ml de ácido sulfúrico 98%. La absorbancia de la solución se determinó a los 30 minutos en un espectrofotómetro a 490 nm.

El contenido de azúcares totales se determinó por extrapolación de una recta patrón construida con concentraciones conocidas de glucosa.

3.1.3.2. Valoración de sacarosa.

Se siguió el método de van Handel (1968). En tubos de ensayo se colocaron 100 μL de muestra con 100 μL de KOH 30%, se hirvieron durante 10 min, se dejaron enfriar y se les adicionó 3 ml de reactivo de antrona (150 mg de antrona en 100 ml de H_2SO_4 70%), después se colocaron en baño a 40°C por 20 min. La absorbancia de la solución se determinó en un espectrofotómetro a 620 nm.

El contenido de sacarosa se determinó por extrapolación de una recta patrón construida con concentraciones conocidas de sacarosa.

3.1.3.3. Valoración de fructosa.

Se realizó siguiendo el método de van Handel (1968). En un tubo de ensayo se agregaron 100 µL de muestra más 3 ml de reactivo de antrona. La absorbancia se midió a los 15 minutos en espectrofotómetro a 620 nm.

El contenido se determinó por extrapolación de una recta patrón construida con concentraciones conocidas de fructosa desde 0 µg hasta 100 µg.

Con este método se obtiene fructosa más sacarosa, por tanto, para obtener el valor de las muestras problema, a los valores de absorbancia obtenidos aqui se debe restar el correspondiente valor de absorbancia obtenido en las mediciones de sacarosa. El valor que se obtiene después de la sustracción es el que se lleva a la recta patrón de fructosa para determinar la concentración de ésta en la muestra.

3.1.3.4. Valoración de nitratos.

Para la valoración del nitrato presente en el medio de cultivo, se utilizó el método de Woodley et al. (1960). Para ello se requiere la preparación previa de dos reactivos:

Reactivo I: se disuelven 0,2 mg/ml de sulfato cúprico en ácido acético glacial al 20%.
Reactivo II: se mezclan: 100 g de $BaSO4$, 75 g de ácido cítrico, 12 g de $MnSO4.4H2O$, 4 g de ácido sulfanílico, 2 g de zinc en polvo y 2 g de 1-Naftilamina. Este reactivo debe permanecer en reposo durante 15 días antes de ser usado.

Para la medición, se colocan en un tubo de ensayo 9 ml del reactivo I, más 1 ml de muestra y 0,8 g del reactivo II, se agita durante 15 s, se deja en reposo por 3 min, se agita nuevamente por 15 s y se deja en reposo otra vez durante 3 min. Luego se centrifuga a 1000 r.p.m. durante 5 min. El sobrenadante se decanta, se filtra y se mide la densidad óptica en espectrofotómetro a 520 nm.

El contenido de nitratos se determinó por extrapolación de una recta patrón construida con concentraciones conocidas de nitrato amónico desde 0 µg hasta 100 µg.

3.1.3.5. Valoración de fosfatos.

Se utilizó el método de Allen (1940), según el cual se necesitan dos soluciones de trabajo:

Solución A: 2 g de amidol (2,4-diaminofenol clorhidrato), 40 g de bisulfito sódico en un volumen de 200 ml de agua destilada.

Solución B: se prepara en el momento de su utilización con 10 ml de Solución A, 5 ml de molibdato amónico (NH_4MoO_4) al 85% y 10 ml de ácido perclórico 60% completando un volumen de 100 ml con agua destilada.

En un tubo de ensayo se colocan 2 ml de muestra más 5 ml de solución B. La mezcla se mantuvo por 30 min a temperatura ambiente y se midió la absorbancia a 660 nm.

El contenido de fosfatos se determinó por extrapolación de una recta patrón construida con concentraciones conocidas de fosfato potásico desde 0 μg hasta 100 μg.

En cada medida se prepararon blancos para el ajuste del espectrofotómetro. Cada muestra fue sometida a tres valoraciones a fin de obtener un valor promedio. La determinación de glucosa se llevó a cabo por diferencia de los valores obtenidos de sacarosa y fructosa.

4. ELICITORES EN CULTIVOS EN SUSPENSIÓN

El medio nutritivo de las suspensiones de *A. vera*, se modificó adicionando distintas concentraciones de los siguientes compuestos:

-Ácido Salicílico a 0,01 y 1 mM

-$CaCl_2$ a 10, 20 y 50 mM

-$CoCl_2$ a 50 μM

-NaCl a 100, 200 y 300 mM

-$NiCl_2$ a 5 mM

Las valoraciones de peso fresco y peso seco y de nutrientes se llevaron a cabo a lo largo del cultivo, tomando muestras por triplicado los días 0, 6, 12 y 18.

5. DETERMINACIÓN DEL CONTENIDO DE ALOESINA, ALOÍNA A y B Y ALOE-EMODINA EN *Aloe vera.*

El estudio de los compuestos fenólicos presentes en *A. vera* se llevó a cabo mediante Cromatografía Líquida de Alta Resolución (HPLC). Los compuestos fenólicos se identificaron por comparación con los datos obtenidos por Speranza et al., 1986; Rauwald y Beil, 1993; Rauwald y Sigler, 1994; Zonta et al., 1995; Park et al., 1997; 1998; Gutterman et al., 2000).

Los estándares de aloesina, donados por el Dr. J.H. Park, del Colegio de Farmacia de la Universidad Nacional de Seúl, Corea y los de aloína y aloe-emodina (MERK), se disolvieron en etanol y, en todos los casos, fueron inyectados como controles antes de las muestras. Los
compuestos estándares se prepararon con una concentración de 1 mg/ml en etanol.

5.1. Determinación de compuestos fenólicos en hojas de plantas silvestres y en el material *in vitro.*

Las hojas de plantas silvestres de *Aloe vera* fueron recolectadas una vez que alcanzaron una longitud de 10-20 cm. A las hojas se les retiró la epidermis de las caras adaxial y abaxial, así como los márgenes espinosos hasta dejar sólo el mucílago de la hoja. El mucílago se sometió a dos métodos de extracción (Park et al., 1998; Albornoz, 1980). Por otra parte, el mismo estudio se llevó a cabo a partir del material obtenido mediante cultivo *in vitro*, es decir, hojas de plantas regeneradas *in vitro* a partir de la multiplicación de yemas apicales y hojas de plantas regeneradas y mantenidas en invernadero y además, en hojas y yemas apicales de plantas de *A. vera* obtenidas con los medios MS0, MS8, MS9, MS10, MS11 y MS12 (Tabla 1), con diferentes edades (3, 6 y 12 meses), así como en los callos de hojas y los formados en la base de las yemas apicales y en las suspensiones celulares, con y sin elicitores. La determinación de aloesina, aloína A y B y aloe-emodina en las suspensiones celulares, se llevó a cabo tomando muestras de los filtrados del medio de cultivo.

5.1.1. Método 1 (Park et al., 1998).

Las muestras congeladas se liofilizaron (LABCONCO LYPH-LOCK 6), durante 48 horas y a partir de 0,5 g de liofilizado, se realizó la extracción con etanol (10 ml) en Baño de Ultrasonidos (Branson 3210) a 50°C durante 1 hora. Posteriormente, las suspensiones obtenidas se centrifugaron a 3000 rpm durante 10 minutos. Los sobrenadantes se filtraron antes de realizar las inyecciones en el HPLC.

5.1.2. Método 2 (Albornoz, 1980).

Las muestras se maceraron (excepto las suspensiones celulares) en agua destilada y se filtraron a través de papel Whatman No. 1. A continuación, se disolvieron 50 g de cloruro férrico en 15 ml de agua destilada y se añadieron al filtrado. La mezcla se sometió a reflujo en Soxhlet durante 6 horas. El material recolectado se dejó secar. Posteriormente se hizo la extracción con tolueno hirviendo. Una vez enfriado el extracto toluénico, cristalizó en forma de agujas de color naranja.

5.1.3. Condiciones de cromatografía.

Los extractos disueltos en etanol obtenidos con los métodos anteriormente descritos se inyectaron en el sistema de HPLC consistente de HPLC SYSTEM GOLD BECKMAN con un detector UV-Visible BECKMAN DIODE ARRAY Module 168.

La columna usada para la separación de los compuestos fenólicos fue una columna BIO-RAD, Bio-Sil C18 HL 90-5 S, 250x4,6 mm, tamaño de partícula 5 μm.

La fase móvil estuvo compuesta por metanol y agua y la separación se llevó a cabo usando el siguiente protocolo de elución:

Tabla 3. Protocolo de elución usado para HPLC.

SOLVENTE/PORCENTAJE	TIEMPO	GRADIENTE
Metanol 25-30%	5 min	Lineal
Metanol 30-35%	10 min	Lineal
Metanol 35-70%	35 min	Lineal
Metanol 70%	10 min	Isocrático

La velocidad de flujo usada fue 0.7 ml/min a temperatura ambiente durante el análisis y la detección se realizó con UV a 293 nm.

Todas las inyecciones fueron llevadas a cabo por el personal del Área de Apoyo a la Investigación Agrobiológica de la RIADIT del Campus de Lugo de la Universidad de Santiago de Compostela.

6. ANÁLISIS ESTADÍSTICO DE LOS DATOS.

Los resultados de los experimentos fueron analizados mediante análisis de varianza de un factor y las diferencias entre medias se estimaron empleando el test de Duncan para un nivel de significación del 95% ($p \leq 0.05$).

III. RESULTADOS

1. MULTIPLICACIÓN DE YEMAS APICALES

1.1. Efecto del ácido ascórbico sobre la oxidación del medio de cultivo por compuestos fenólicos.

El cultivo *in vitro* en especies del género *Aloe* es muy difícil debido al alto contenido de compuestos fenólicos que secretan los explantos al medio de cultivo, estos compuestos no sólo ennegrecieron el medio sino que inhibieron el establecimiento de los cultivos. Cuando se inició el trabajo de siembra de yemas con el fin de obtener suficiente material biológico, se observó que las yemas producían callos basales que al poco tiempo morían necrosados. Por ello, se realizaron pruebas con distintos antioxidantes con el fin de contrarrestar la oxidación del medio de cultivo.

De acuerdo con lo descrito por Rout et al. (1999), se añadieron sustancias antioxidantes al medio de cultivo para evitar la oxidación debida a los compuestos fenólicos exudados al medio por los diferentes explantos. En este sentido, Roy y Sarkar (1991), utilizaron diferentes tipos de antioxidantes, entre ellos, polivinipirrolidona (PVP), ácido ascórbico y carbón activado a concentraciones entre 0,5-1,0 mg/L. En el presente trabajo, las pruebas se realizaron con ácido ascórbico en concentraciones de $5{,}7 \times 10^{-4}$ M; $2{,}9 \times 10^{-3}$ M; $5{,}7 \times 10^{-3}$ M y $2{,}8 \times 10^{-2}$ M de dicho compuesto. La concentración de ácido ascórbico que dio mejores resultados fue $5{,}7 \times 10^{-3}$ M, encontrándose que los porcentajes de necrosamiento de los tejidos disminuían, además cuando los medios comenzaban a tomar color marrón, se pasaban a medio fresco para evitar su oxidación total.

El efecto del ácido ascórbico pudo notarse en el color de los callos con rapidez ya que fueron cambiando gradualmente de color marrón a verde y, aunque siempre se encontró algo de ennegrecimiento de los cultivos, el porcentaje de necrosis disminuyó de forma significativa (Tabla 4).

Tabla 4. Efecto del ácido ascórbico sobre la oxidación por compuestos fenólicos en callos provenientes de yemas apicales de *Aloe vera* L.

Conc. ácido ascórbico (M)	Número de callos	% de ennegrecimiento	% de necrosis
$5,7x10^{-4}$	35	77	37
$2,9x10^{-3}$	27	74	14
$5,7x10^{-3}$	15	13.3	0
$2,8x10^{-2}$	15	20	0

De acuerdo con estos resultados, se decidió, en adelante, añadir $5,7x10^{-3}$ mM de ácido ascórbico a los medios de cultivo, puesto que fue la concentración que proporcionó menor grado de ennegrecimiento de los cultivos y evitó la necrosis de los mismos.

1.2. Efecto del fotoperiodo en la multiplicación de yemas.

El efecto de la duración de la luz/oscuridad se estudió en yemas de *A. vera* que fueron sembradas en dos fotoperiodos, el primero de 12 h y el segundo de 16 h de luz, respectivamente. Las yemas colocadas en fotoperiodo de 12 h de luz presentaron una tasa de multiplicación media de 3,4 yemas nuevas frente a 2,3 en las yemas multiplicadas con fotoperiodo de 16 h de luz (Figura 5). Además, con fotoperiodo de 12 h, la tasa de multiplicación superior a 2 yemas nuevas comenzó a observarse a partir del cuarto subcultivo y sólo descendió a partir del décimo cuando el potencial genético disminuye por envejecimiento; sin embargo, en fotoperiodo de 16 h solamente el sexto subcultivo mostró una tasa de multiplicación superior a 2. Por ello, de aquí en adelante, las yemas fueron cultivadas en fotoperiodo de 12 h de luz y 12 h de oscuridad.

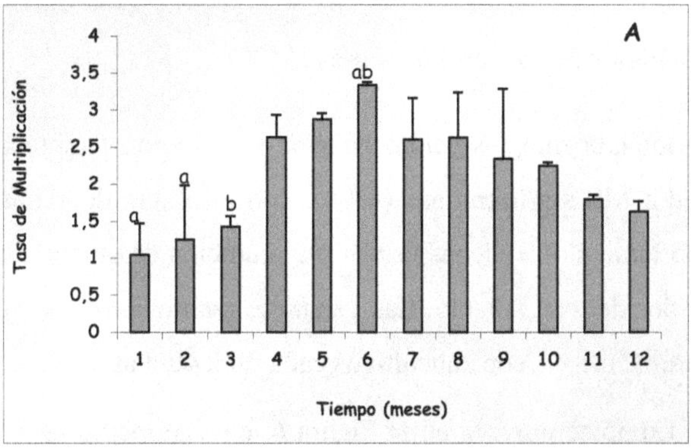

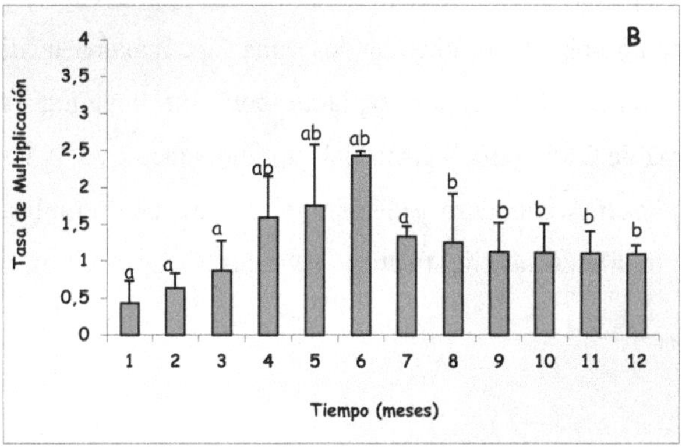

Figura 5. Multiplicación de yemas de *Aloe vera* en diferentes fotoperiodos. **A**: Fotoperiodo de 12 h de luz y **B**: Fotoperiodo de 16 h de luz. Valores con la misma letra o sin ella no difieren significativamente para p≤0,05 (test de Duncan).

1.3. Multiplicación de yemas apicales en medio Murashige y Skoog sin hormonas (MS0).

Inicialmente, las yemas de *Aloe vera* fueron sembradas en el medio MS sin hormonas (MS0), con el objeto de evaluar el comportamiento de dichas yemas sin la adición de ningún tipo de regulador del crecimiento. Las yemas se mantuvieron en cultivo durante 12 meses, con subcultivos cada 30 ó 40 días.

Como se observa en la Figura 6, en este medio las yemas se multiplicaron, aumentando la tasa de multiplicación a partir del quinto subcultivo, obteniéndose una tasa máxima media de 2,745 yemas nuevas por explanto con una longitud media máxima de 2,068 cm. A partir del séptimo subcultivo, la tasa de multiplicación comienza a disminuir. La tasa de multiplicación presentó diferencias significativas entre los distintos subcultivos.

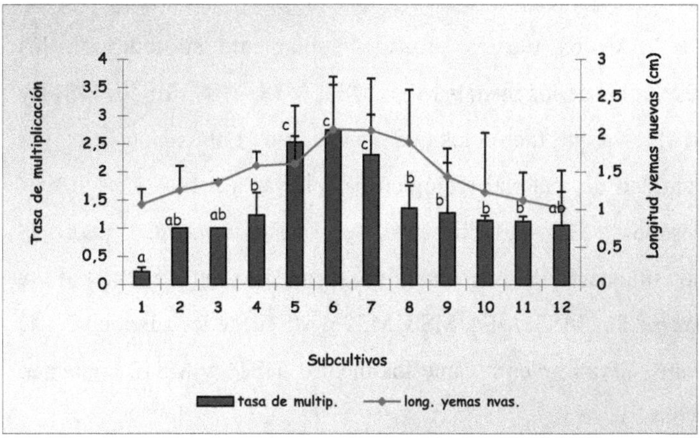

Figura 6. Tasa de multiplicación y longitud de yemas nuevas (media ± D.E.) en medio Murashige y Skoog sin hormonas (MS0). Valores con la misma letra o sin ella no difieren significativamente para p≤0,05 (test de Duncan).

1.4. Efecto de la concentración hormonal sobre la multiplicación de yemas apicales.

Las yemas apicales de *A. vera* también se sembraron en medio de cultivo MS al que se añadieron diferentes concentraciones de reguladores del crecimiento, con el fin de evaluar el efecto de los distintos reguladores del crecimiento en la multiplicación y elongación de dichas yemas. Estas yemas se mantuvieron durante un periodo mínimo de 12 subcultivos, siendo la duración de cada uno de ellos de 30 ó 40 días.

De los medios probados, solamente se muestran los resultados de los medios MS3, MS4, MS8, MS9, MS10, MS11 y MS12, ya que fueron los que permitieron la obtención de mayor cantidad de material biológico para llevar a cabo los siguientes ensayos de multiplicación y, posteriormente, para la determinación de los metabolitos secundarios en ese material. A los medios MS3, MS4, MS8, MS9 y MS10, se les adicionó 2,4-D como auxina mientras que los medios MS11 y MS12 contenían ANA.

La mayoría de los estudios en *Aloe* se han realizado utilizando 2,4-D como auxina. Por ello, en los distintos medios utilizados para los ensayos de este trabajo, se experimentó no sólo con esa auxina sino que también se probó ANA, combinando éstas con diferentes citoquininas, encontrándose las tasas de multiplicación más altas con las combinaciones entre ANA y kinetina.

En todos los medios, la multiplicación comenzó desde el primer subcultivo. Las tasas de multiplicación fueron aumentando a medida que se sucedían los subcultivos, obteniéndose los valores máximos entre el quinto y séptimo subcultivo generalmente. A partir de allí, se comenzó a observar una disminución en la tasa de multiplicación de las yemas.

1.4.1. Efecto del 2,4-D sobre la multiplicación de yemas.

El medio MS3 con la combinación entre $4,52x10^{-6}$ M de 2,4-D y $2,22x10^{-5}$ M de BA, indujo la proliferación de yemas hasta el subcultivo 8 cuando comenzó a disminuir; en cambio, el medio MS4 con $2,26x10^{-6}$ M de 2,4-D y $4,65x10^{-7}$ M de kinetina, indujo mayor número de yemas, la tasa de multiplicación fue superior a las del medio MS3, ésta aumentó hasta el subcultivo 8 y a partir de ese momento disminuyó de forma gradual hasta el subcultivo número 14 (Figura 7). Las longitudes medias máximas de las yemas nuevas variaron entre 1,4 cm en MS3 y 1,7 cm en MS4.

Al mismo tiempo, se utilizó 2,4-D como auxina combinada con $2,32x10^{-5}$ M de kinetina. En los medios MS8, MS9 y MS10, donde se utilizaron concentraciones crecientes de 2,4-D manteniendo la misma concentración de kinetina, pudo observarse que a medida que se aumentaba la concentración del 2,4-D, disminuían las tasas de multiplicación. Resultados similares han sido obtenidos en otros estudios (Natali et al., 1990; Meyer y van Staden, 1991), lo que permite afirmar que el 2,4-D puede ser tóxico para los cultivos al utilizarse en altas concentraciones.

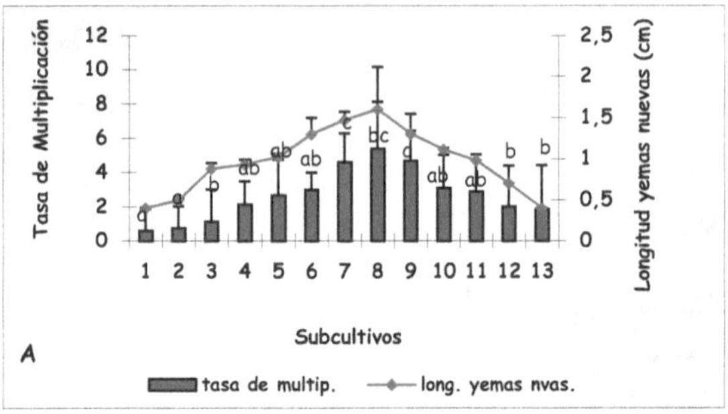

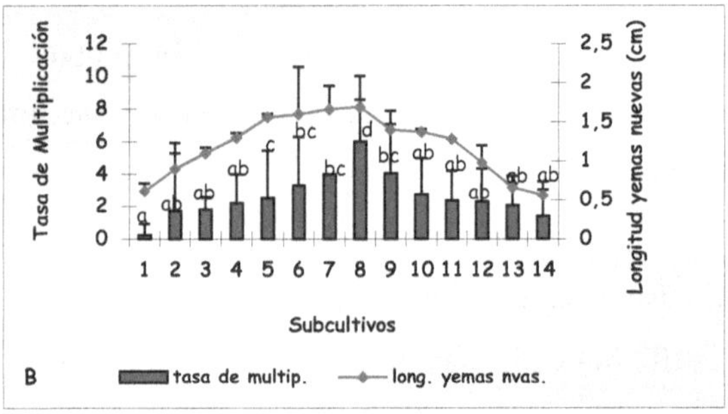

Figura 7. Tasa de multiplicación y longitud de yemas nuevas (media ± D.E.) en medios utilizando 2,4-D como auxina. **A.** Medio MS3 con $4{,}52x10^{-6}$ M de 2,4-D y $2{,}22x10^{-5}$ M de BA y **B.** Medio MS4 con $2{,}26x10^{-6}$ M de 2,4-D y $4{,}65x10^{-7}$ M de kinetina. Valores con la misma letra o sin ella no difieren significativamente para $p \leq 0{,}05$ (test de Duncan).

En el medio MS8 (Figura 8A), la tasa de multiplicación en los diferentes subcultivos presentó diferencias significativas. En este medio, la tasa de multiplicación máxima se alcanzó también en el subcultivo 7, con un valor medio de 4,4 yemas nuevas con una longitud máxima de 1,8 cm. Aunque en el subcultivo 8 la longitud media fue de 1,9 cm, muy parecida a la del subcultivo 7, la tasa de multiplicación fue mucho más baja (3,2).

En el medio MS9, la tasa máxima de multiplicación fue de 3,05 yemas nuevas por explanto con una longitud máxima de 1,6 cm en el subcultivo 7. Puede observarse que las tasas de multiplicación así como también las longitudes se mantienen muy parecidas entre los subcultivos, sin diferencias significativas entre los subcultivos (Figura 8B). En el medio MS10 (Figura 8C), el valor medio más alto se consiguió en el subcultivo 5, con 3,08 yemas nuevas por explanto con una longitud máxima de 1,5 cm. A partir del subcultivo 6, las tasas de multiplicación comienzan a disminuir gradualmente aunque manteniéndose con valores más o menos similares, mientras que las longitudes medias permanecen muy parecidas entre los subcultivos cinco y nueve. No hubo diferencias significativas entre los subcultivos.

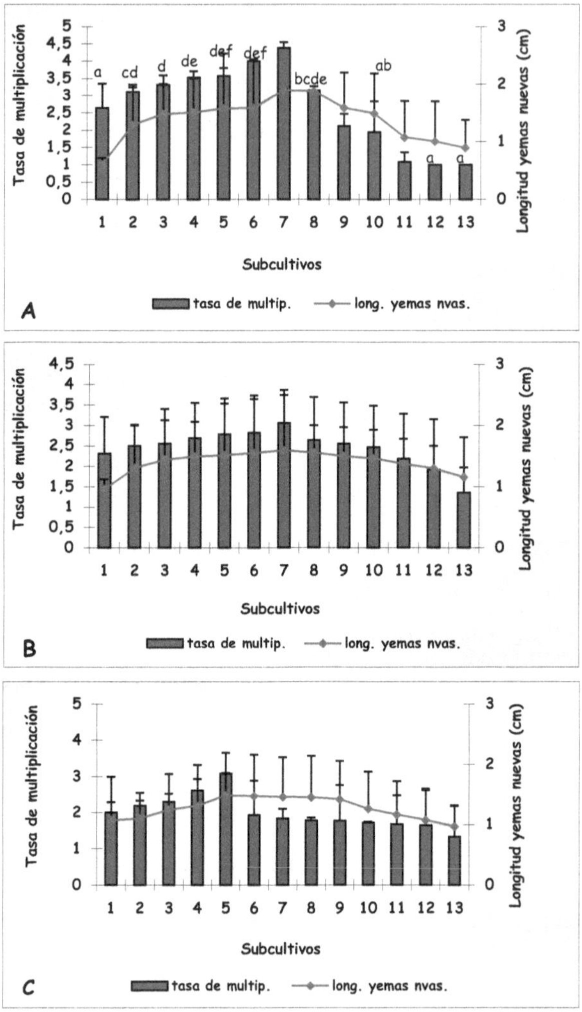

Figura8. Tasa de multiplicación y longitud de yemas nuevas (media ± D.E.) utilizando 2,4-D como auxina combinada con 2,32x10^{-5} M de kinetina. A, medio MS8, con 4,52x10^{-7} M de 2,4-D, B, medio MS9, con 2,26x10^{-6} M de 2,4-D y C, medio MS10, con 4,52x10^{-6} M de 2,4-D. Valores con la misma letra o sin ella no difieren significativamente para p≤0,05 (test de Duncan).

1.4.2. Efecto del ANA sobre la multiplicación de yemas.

Los medios de cultivo en los que se utilizó ANA como auxina fueron los que presentaron mayores tasas de multiplicación. En este sentido, en el medio MS11, con $5{,}37x10^{-7}$ M de ANA y $2{,}32x10^{-5}$ M de kinetina, con excepción del subcultivo uno, la tasa de multiplicación no presentó diferencias significativas entre los subcultivos. El valor medio más alto fue de 4,8 yemas nuevas por explanto con una longitud media de 1,8 cm, ambos valores obtenidos en el subcultivo 7 (Figura 9A). En el medio MS12 (Figura 9B), con $2{,}69x10^{-6}$ M de ANA y $2{,}32x10^{-5}$ M de kinetina, se obtuvieron las mayores tasas de multiplicación; así, en el subcultivo 7 se obtuvo el mayor número medio de yemas nuevas por explanto, 8,2, con una longitud media de 1,8 cm. Además, con esta combinación las tasas de multiplicación se mantuvieron similares durante cuatro subcultivos (desde el sexto al noveno), aunque hubo diferencias significativas entre los subcultivos.

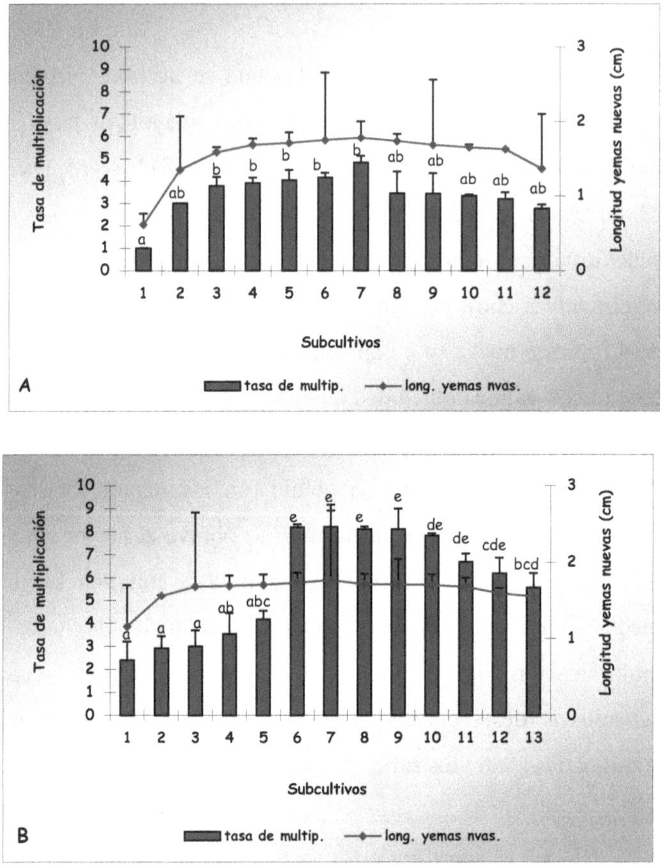

Figura 9. Tasa de multiplicación y longitud de yemas nuevas (media ± D.E.) en medios de cultivo utilizando ANA como auxina combinada con $2,32x10^{-5}$ M de kinetina. A, medio MS11, con $5,37x10^{-7}$ M de ANA y B, medio MS12 con $2,69x10^{-6}$ M de ANA. Valores con la misma letra o sin ella no difieren significativamente para $p \leq 0,05$ (test de Duncan).

De acuerdo con los resultados anteriormente expuestos, puede observarse que las yemas cultivadas en el medio MS12 presentaron las tasas de multiplicación más elevadas y durante más tiempo.

El análisis estadístico realizado para comparar la capacidad de multiplicación de las yemas apicales en los medios MS0, MS3, MS4, MS8, MS9, MS10, MS11 y MS12, mostró que fue el medio MS12 el que permitió obtener las tasas de multiplicación más altas durante más tiempo.

Las yemas obtenidas, independientemente del medio empleado, presentaron aspecto normal, con presencia de raíces en todos los medios (Figura 10).

Figura 10. Yemas apicales de *Aloe vera*. **A.** En medio MS3 (2,4-D/BA), **B.** En MS4 (2,4-D/kinetina), **C.** Formación de estolón en yema en medio MS4, **D.** Formación de raíces y yemas. La barra representa 1 cm.

1.5. Enraizamiento y Aclimatación.

Independientemente del medio de cultivo utilizado para la multiplicación, se obtuvo el 100% de enraizamiento en las yemas. Las raíces obtenidas en el medio sin hormonas (MS0) eran finas y ramificadas, sin embargo, en los otros medios las raíces gruesas permitieron mantener el peso de la planta en el medio de cultivo (Figura 11B).

Para llevar a cabo la aclimatación de las nuevas plántulas, se transfirieron a recipientes con substrato estéril formado por turba y perlita (1:1) en condiciones de esterilidad durante los primeros 10 días de cultivo, a partir de ese momento y hasta el día 30 se procedió a la apertura gradual de los recipientes para la adaptación de las plantas a condiciones *ex vitro* (no estéril y con menor humedad relativa). Durante esta fase se obtuvo 100% de supervivencia. Finalizada la etapa anterior, las plantas se transfirieron a macetas que contenían substrato de turba y perlita en una proporción de 1:1, bajo túnel de niebla. En el momento de transferir las plantas a macetas, la longitud media era de 5 cm, después de 6 meses, las plantas presentaban una longitud media de 11,25 cm (Figura 11F-G).

Además, se probó el efecto de las condiciones ambientales en 6 plantas, encontrando que estas plantas no resistían bien ni las heladas ni las bajas temperaturas, corroborando el carácter xerofítico de la misma; sin embargo, en condiciones de laboratorio la supervivencia fue del 71% para las plantas que se multiplicaron con fotoperiodo de 12 h de luz y del 50% para las que multiplicaron con fotoperiodo del 16 h de luz. No se observaron diferencias en cuanto a la aclimatación entre los distintos medios utilizados. En cuanto a la morfología de las plantas, las obtenidas con fotoperiodo de 12 h de luz presentaban un color verde intenso, mientras que las que crecieron con fotoperiodo de 16 h de luz, tenían un color verde-marrón (Figura 11).

Figura 11. A. Raíces en medio MS0. **B.** Raíces en medio MS4. **C., D.** y **E.** Plantas de *Aloe vera* en fase de aclimatación. **F.** Plantas multiplicadas con fotoperiodo de 12 h de luz. **G.** Plantas multiplicadas con fotoperiodo de 16 h de luz.

1.6. PRODUCCIÓN DE ALOESINA, ALOÍNA A Y B Y ALOE-EMODINA EN *Aloe vera*

Debido a su condición de metabolitos secundarios, los compuestos fenólicos como la aloesina, aloína y aloe-emodina, son un grupo muy heterogéneo desde el punto de vista metabólico. Así, la producción de estos compuestos dependerá en gran medida de la composición del medio de cultivo, de las combinaciones de hormonas y reguladores del crecimiento; así como también de factores ambientales, tales como la intensidad luminosa y el estadio de desarrollo de la planta. Todos estos factores pueden causar variaciones cualitativas y cuantitativas en la producción de dichos compuestos (Forrest, 1994). Por estas razones, el uso de los cultivos *in vitro* se justifica en este tipo de estudios, ya que para distinguir el efecto de los reguladores del crecimiento sobre el contenido de los metabolitos secundarios, es necesario reducir las variaciones causadas por factores ambientales y los cultivos *in vitro* permiten regular las condiciones de fotoperiodo, humedad y temperatura. Por tanto, en el presente trabajo, las variaciones en el contenido de metabolitos secundarios estarán determinadas por las diferentes combinaciones de reguladores del crecimiento, por el genotipo y por el estado fisiológico de los tejidos utilizados para el establecimiento de los cultivos. Así, en este trabajo, los análisis mediante HPLC se llevaron a cabo con la finalidad de comprobar la presencia o ausencia de determinados compuesto s y las variaciones cuantitativas de dichos metabolitos en el material obtenido *in vitro* con respecto al material silvestre.

La determinación del contenido de aloesina, aloína A y B y aloe-emodina en *Aloe vera* en el presente trabajo se llevó a cabo en hojas jóvenes de plantas silvestres, hojas de plantas micropropagadas a partir de yemas apicales mantenidas bajo condiciones *in vitro* en los medios MS3 y MS4 y en plantas aclimatadas mantenidas bajo condiciones de invernadero, en callos mantenidos en los medios MS3 y MS4 y en las yemas formadas a partir de dichos callos, en yemas y hojas de plantas *in vitro* mantenidas en los medios MS0, MS8, MS9, MS10, MS11 y MS12 con 3, 6 y 12 meses de edad.

La literatura describe varios métodos para la determinación de los compuestos químicos presentes en las distintas especies de *Aloe* (Rauwald y Voetig, 1982; Nakamura y Okuyama, 1990; Rauwald y Sigler, 1994; Zonta et al., 1995; Okamura et al., 1996; Yagi, 1998; Viljoen, 2000). De los dos métodos empleados en este trabajo para la obtención de los extractos, se encontró que la metodología más idónea fue la descrita por Park et al. (1998), puesto que este método puede utilizarse directamente para el análisis de los compuestos fenólicos en *A. vera* ya que permite comparar los perfiles cromatográficos de las muestras y los compuestos controles con lo descrito en la literatura. Además, es un método bastante rápido y fácil de aplicar.

Los extractos etanólicos fueron cromatografiados y cuantificados en HPLC y las muestras estándar utilizadas fueron aloína, (tiempo de elución, t.e., 41-42 min), aloesina (t.e. 10-11 min) y aloe-emodina (61-62 min) (Figura 12).

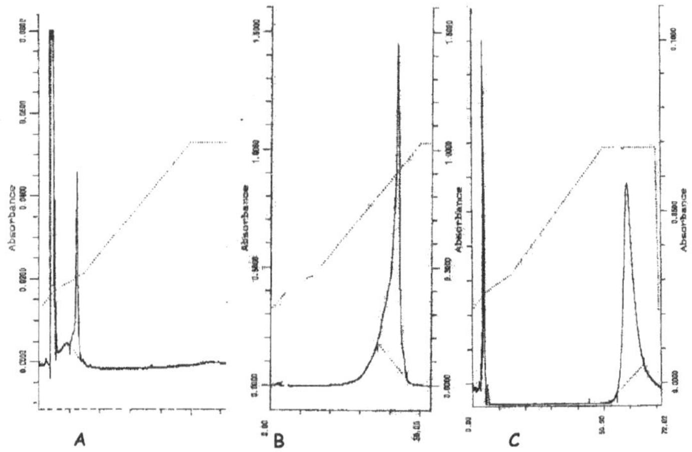

Figura 12. Cromatogramas de los extractos etanólicos de los compuestos estándares. **A.** aloesina, **B.** aloína A y B y **C.** aloe-emodina.

1.6.1. Producción de aloesina, aloína A y B y aloe-emodina en hojas jóvenes de plantas silvestres.

En primer lugar, se identificaron y cuantificaron los compuestos del metabolismo secundario en hojas jóvenes de plantas silvestres de *Aloe vera*. Por comparación con los cromatogramas presentados en la literatura disponible, es posible afirmar que en los extractos de hojas de plantas silvestres de *A. vera* obtenidos en el presente trabajo, se encuentran al menos 11 compuestos citados en la literatura y entre ellos, está la aloesina (t.e. 11-12 min), aloína (t.e. 41-42 min), que se presentó en sus isoformas aloína A y aloína B y aloe-emodina (62 min) (Figura 13). Con respecto a la aloe-emodina, Park et al. (1998), observó este compuesto en los cromatogramas de plantas silvestres entre los 52-53 minutos, sin embargo, el estándar utilizado en este trabajo eluyó a los 62 minutos, por ello las identificaciones se hicieron utilizando este tiempo de elución, así como también las áreas de los picos observados. Estas diferencias en el tiempo de elución de los compuestos pueden depender del tipo de columna empleada (Park et al., 1998)

Los resultados cuantitativos de los tres compuestos seleccionados para el estudio, se expresaron en µg por gramo de peso seco (p.s.) y se obtuvieron a partir de los valores del área correspondiente a cada pico detectado y de la concentración de cada compuesto en el extracto.

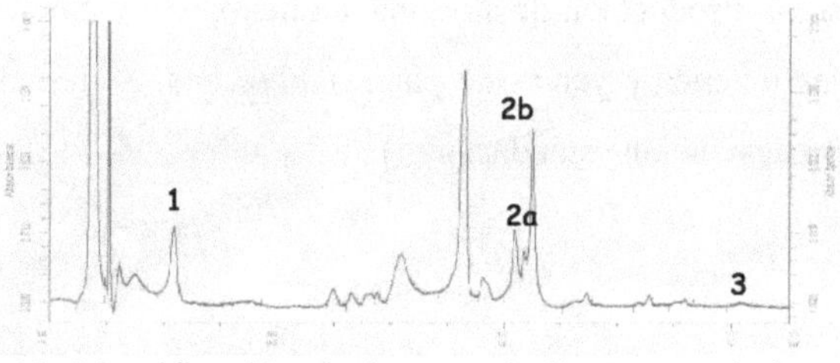

Figura 13. Identificación de los metabolitos secundarios en un extracto etanólico de hojas de plantas silvestres de *Aloe vera*. **1.** aloesina, **2a.** aloína A, **2b.** aloína B, **3.** aloe-emodina.

En cuanto a la producción de metabolitos secundarios, en la Figura 14 se observa que en las hojas silvestres, el metabolito que se presentó en mayor cantidad fue la aloína (408 μg/g), seguido de aloesina (156 μg/g p.s.) y por último, en menor cantidad, aloe-emodina (2 μg/g p.s.) en cantidades muy pequeñas. En yemas de plantas silvestres, el contenido de los tres metabolitos fue inferior al observado en hojas.

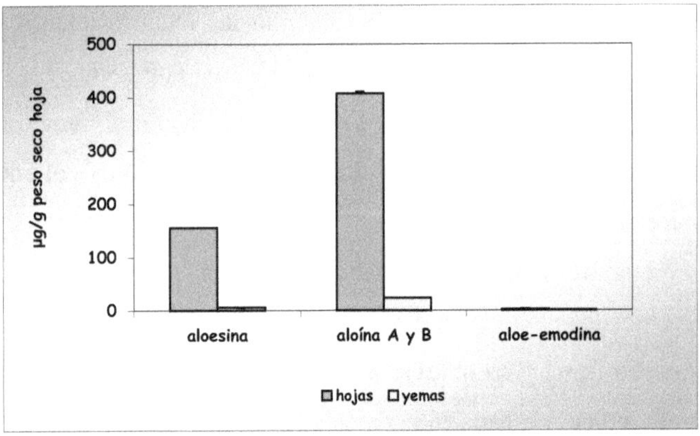

Figura 14. Producción de aloesina, aloína A y B y aloe-emodina en hojas jóvenes y yemas de plantas silvestres. Se representa la media ± desviación estándar (n=5).

1.6.2. Producción de aloesina, aloína A y B y aloe-emodina en hojas de plantas micropropagadas a partir de yemas apicales y mantenidas en condiciones *in vitro*.

El contenido de metabolitos secundarios presentes en las hojas de las plantas obtenidas a partir de la multiplicación de yemas apicales y mantenidas en condiciones *in vitro*, con fotoperiodo de 12 h de luz y temperatura de 25±1ºC, se representa en la Figura 15. Puede observarse que el medio más apropiado para la producción de aloesina resultó ser el MS3 (4,52x10^{-6} M de 2,4-D y 2,22x10^{-5} M de BA), mientras que para la producción de aloe-emodina el más idóneo fue el medio MS4 (2,26x10^{-6} M de 2,4-D y 4,65x10^{-7} M de kinetina). La aloína, en cambio, se produjo en poca cantidad en ambos medios.

En el medio MS4 la producción de aloesina es inferior a la del medio MS3, siendo la reducción con respecto a las hojas de plantas silvestres de un 70%; también es inferior la producción de aloína A y B, pero en este caso sí aumentó respecto a las hojas de plantas micropropagadas en el medio MS3.

Es necesario resaltar que el medio MS4 indujo la producción de aloe-emodina, obteniéndose una cantidad 10 veces mayor a la producida por las plantas silvestres. Además, puede observarse mientras que el contenido de aloína disminuye, el de aloe-emodina se hace superior, es decir, que la proporción observada en plantas silvestres se invierte, encontrándose que la producción de aloe-emodina es mayor a la de aloína A y B.

La mayoría de los estudios existentes en la bibliografía describen que el mayor componente de las hojas de *Aloe vera* es la aloína, seguida de la aloesina y por último, con un contenido muy bajo, la aloe-emodina (Park et al., 1998). Aunque nuestros resultados en relación al contenido de aloesina, aloína y aloe-emodina, son menores a los descritos en el estudio de Park et al. (1998), la proporción antes mencionada se mantiene en las hojas silvestres analizadas en el presente trabajo. No obstante, en hojas *in vitro* en el medio MS4 se pudo observar que el contenido de aloe-emodina aumentaba y se hacía más alto con respecto a la aloína mientras que en el medio MS3 no se detectó aloína y, por tanto, tampoco aloe-emodina que es el principal producto de la oxidación de la aloína.

Con respecto al contenido observado en yemas silvestres, se observó que la producción de aloesina fue mayor en las hojas *in vitro* en ambos medios, mientras que el contenido de aloína fue superior en yemas silvestres. Por último, el contenido de aloe-emodina en hojas *in vitro* en el medio MS4 también fue superior al encontrado en yemas silvestres.

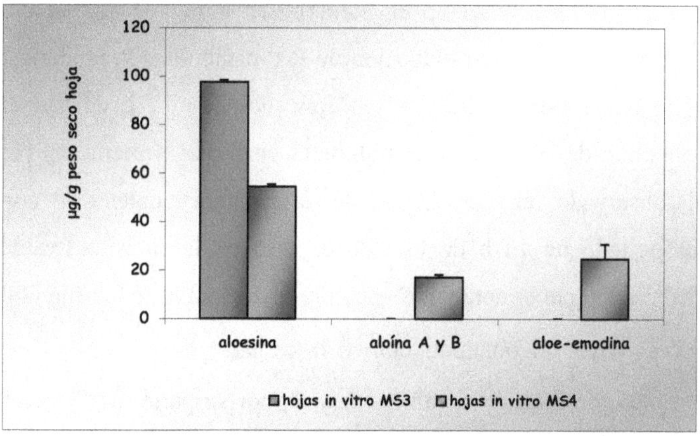

Figura 15. Producción de aloesina, aloína A y B y aloe-emodina en hojas de plantas mantenidas en condiciones *in vitro*. Se representa la media ± desviación estándar (n=3).

1.6.3. Efecto del fotoperiodo en la producción de aloesina, aloína A y B y aloe-emodina en hojas de plantas aclimatadas.

Las plantas obtenidas a través de la multiplicación de las yemas apicales de *A. vera* con fotoperiodos de 12 y 16 h de luz, fueron sometidas a proceso de aclimatación y mantenidas en condiciones de invernadero durante 6 meses. Así, en la Figura 16 se representa la producción de los metabolitos secundarios, aloesina, aloína A y B y aloe-emodina en las hojas de estas plantas micropropagadas con diferentes fotoperiodos.

Como se observa, el número de horas de luz afectó significativamente la producción de los metabolitos secundarios. En las hojas de las plantas multiplicadas con 12 h de luz, el contenido de estos tres metabolitos es considerablemente mayor al observado en las hojas de las plantas obtenidas con fotoperiodo de 16 h de luz. En el caso de la aloesina, puede observarse que el contenido encontrado con 12 h de luz fue 400 veces mayor al obtenido con 16 h de luz.

La producción de aloína A y B, por su parte, fue 3 veces superior a la observada en fotoperiodo de 16 h de luz mientras que la de aloe-emodina fue 20 veces mayor.

Comparando con la producción encontrada en hojas y yemas de plantas silvestres y al de las hojas *in vitro* de los medios MS3 y MS4, el contenido de aloesina, aloína A y B y aloe-emodina fue menor.

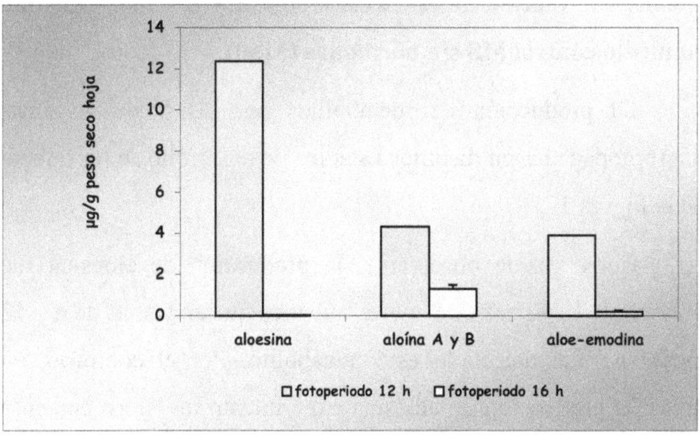

Figura 16. Producción de aloesina, aloína A y B y aloe-emodina en hojas de plantas aclimatadas que fueron micropropagadas con fotoperiodos de 12 h y 16 h luz. Se representa la media ± desviación estándar (n=3).

1.6.4. Efecto de la concentración hormonal en la producción de aloesina, aloína A y B y aloe-emodina en hojas y yemas.

La mayoría de los estudios en *Aloe* se han realizado con 2,4-D, por ello, en este trabajo se ha estudiado la producción de metabolitos en las hojas y yemas de las plantas mantenidas en condiciones *in vitro*, obtenidas en medio MS sin hormonas, MS0 y en los medios que contenían 2,4-D y ANA como auxinas, con edades de 3, 6 y 12 meses. En estos extractos etanólicos el comportamiento encontrado fue variable, dependiendo de la concentración hormonal de cada medio.

1.6.4.1. Producción de aloesina, aloína A y B y aloe-emodina en medio control MS sin hormonas (MS0).

La producción de metabolitos por las hojas y yemas micropropagadas en distintos estadios de desarrollo se representa en la Figura 17.

Como puede observarse, la producción de aloesina fue importante en yemas de 3 meses mientras que en yemas de 6 y 12 meses no fue detectado este metabolito. Por el contrario, en hojas, la producción de aloesina experimentó un ligero aumento con la edad. La producción de este metabolito secundario en hojas fue menor al de hojas de plantas silvestres, mientras que la producción en yemas de 3 meses fue superior con respecto a las yemas silvestres.

En la figura puede observarse que la producción de aloína A y B en hojas disminuyó con la edad mientras que en yemas ocurrió lo contrario, el contenido fue aumentando con la edad de las yemas.

En cuanto a la producción de aloe-emodina, se observó que el contenido de este metabolito aumentó con la edad del cultivo, especialmente en hojas. Es de resaltar que, comparando con hojas silvestres, la producción de aloe-emodina fue mayor; por ejemplo, en hojas de 12 meses, la producción fue 8 veces mayor. Con respecto a las yemas silvestres, la producción de aloe-emodina en las yemas del medio MS0 también fue mayor.

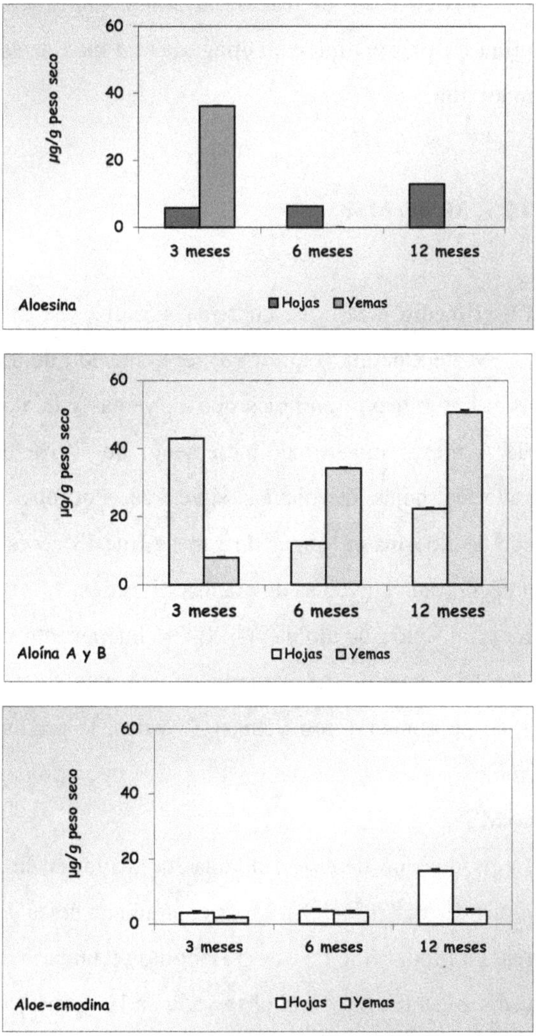

Figura 17. Variación en la producción de aloesina, aloína A y B y aloe-emodina en hojas y yemas micropropagadas en el medio control sin hormonas (MS0) con respecto al estadio de desarrollo. Se representa la media ± desviación estándar (n=3).

1.6.4.2. Producción de aloesina, aloína A y B y aloe-emodina en plantas micropropagadas en medios con 2,4-D como auxina.

1.6.4.2.1. Medio MS8.

En el medio MS8, que contenía $4{,}52 \times 10^{-7}$ M de 2,4-D y $2{,}32 \times 10^{-5}$ M de kinetina (Figura 18), el contenido de aloesina y aloína A y B fue mayor en hojas que en yemas y la aloesina en hojas de 6 meses mostró un incremento de 146% del valor encontrado en hojas de plantas silvestres. Por otro lado, el contenido de aloesina en yemas de 3 meses fue 13 veces superior al valor encontrado en yemas de plantas silvestres.

La producción de aloína A y B fue ligeramente mayor en hojas que en yemas y comparando con plantas silvestres, fue inferior. Si se compara con yemas silvestres, la producción de aloína fue mayor en yemas de 3 y 12 meses micropropagadas en el medio MS8.

La producción de aloe-emodina fue mayor en hojas en el mes 12, siendo un 870% del valor encontrado en hojas de plantas silvestres. La producción de este metabolito secundario en yemas en el medio MS8 fue mayor al observado en las yemas silvestres, excepto en el mes 12, donde fue inferior.

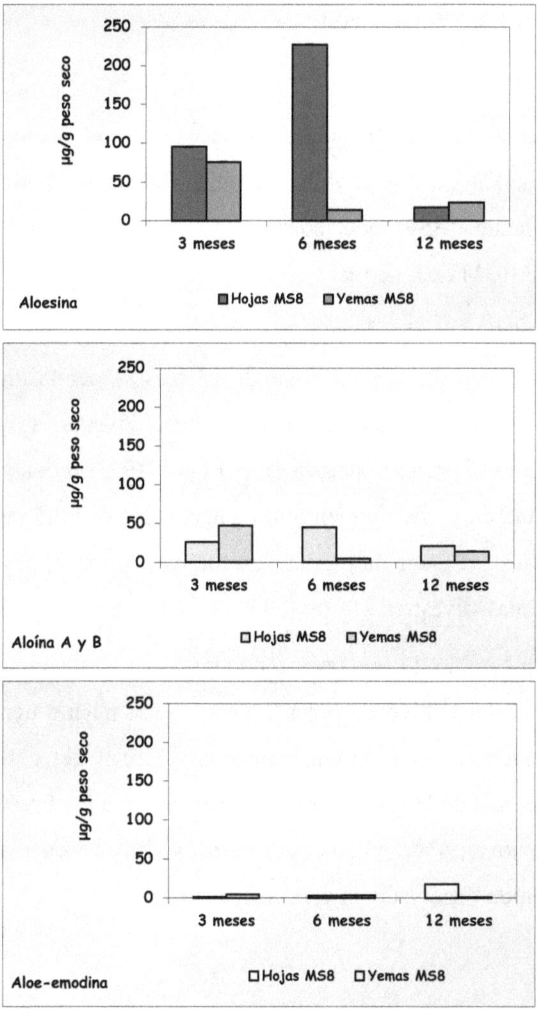

Figura 18. Variación en la producción de aloesina, aloína A y B y aloe-emodina en hojas y yemas micropropagadas en el medio MS8 con respecto al estadio de desarrollo. Se representa la media ± desviación estándar (n=3).

1.6.4.2.2. Medio MS9.

En la Figura 19, puede observarse que el contenido de aloesina, aloína A y B y aloe-emodina fue mayor en las yemas del medio MS9, que contenía $2{,}26 \times 10^{-6}$ M de 2,4-D y $2{,}32 \times 10^{-5}$ M de kinetina.

La producción de aloesina fue mayor en yemas que en hojas, especialmente en hojas de 12 meses, siendo un 355% del contenido encontrado en las hojas jóvenes de plantas silvestres. Como se observa en la Figura 19, la producción de aloesina en yemas aumentó al aumentar la edad del cultivo y en todos los casos, la producción fue mayor a la observada en las yemas silvestres.

En cambio, la producción de aloína A y B disminuyó con la edad del cultivo en hojas y yemas y, al mismo tiempo, el contenido de aloe-emodina aumentó al final del cultivo en yemas, siendo la producción 70 veces mayor a la observada en hojas jóvenes de plantas silvestres y 140 veces mayor al contenido observado en yemas silvestres.

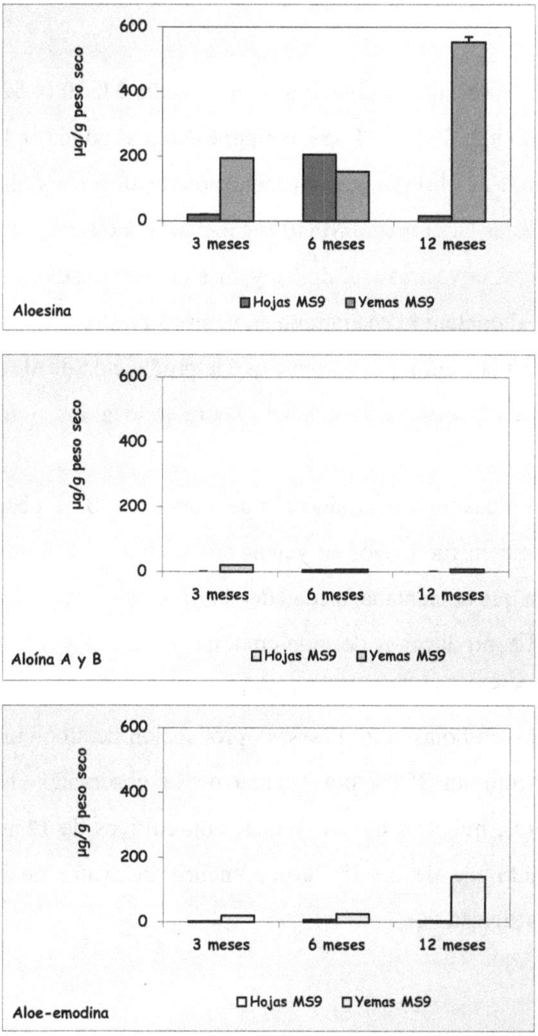

Figura 19. Variación en la producción de aloesina, aloína A y B y aloe-emodina en hojas y yemas micropropagadas en el medio MS9 con respecto al estadio de desarrollo. Se representa la media ± desviación estándar (n=3).

1.6.4.2.3. Medio MS10.

Los resultados obtenidos con el medio MS10 ($4{,}52 \times 10^{-6}$ M de 2,4-D y $2{,}32 \times 10^{-5}$ M de kinetina) están plasmados en la Figura 20, donde se observa que la producción de aloesina y aloína A y B, en hojas en el medio MS10 fue menor a la observada en hojas de plantas silvestres y el de las yemas en este mismo medio, fue mayor al contenido encontrado en yemas silvestres.

En la figura puede verse que la producción de aloesina fue mayor en yemas que en hojas, sobre todo a los 6 meses de cultivo.

En cuanto a la producción de aloína A y B, se observa que ésta también fue mayor en yemas que en hojas, disminuyendo a medida que aumentaba la edad del cultivo.

La producción de aloe-emodina en hojas y yemas en el medio MS10 fue mayor al encontrado en hojas silvestres. Por ejemplo, en hojas de 6 meses, la producción de aloe-emodina se incrementó un 354% por encima de lo observado en plantas silvestres, mientras que en yemas, con cultivos de 12 meses, el contenido fue de un 384% por encima del valor de hojas de plantas silvestres.

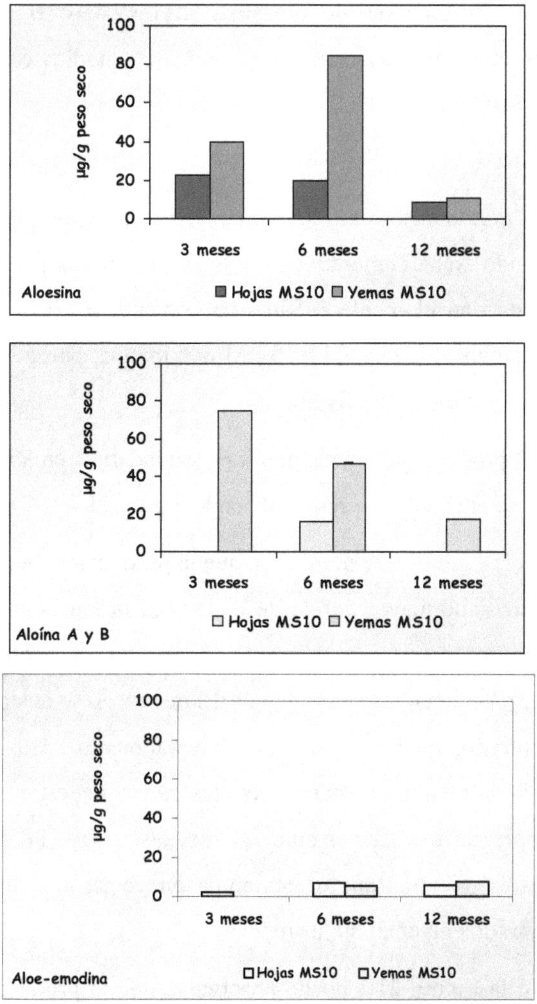

Figura 20. Variación en la producción de aloesina, aloína A y B y aloe-emodina en hojas y yemas micropropagadas en el medio MS10 con respecto al estadio de desarrollo. Se representa la media ± desviación estándar (n=3).

1.6.4.3. Producción de aloesina, aloína A y B y aloe-emodina en plantas micropropagadas en medios con ANA como auxina.

A continuación se presentan los resultados obtenidos utilizando ANA como auxina. Sólo se presenta la producción obtenida con el medio MS11 que contenía $5{,}37x10^{-7}$ M de ANA combinada con $2{,}32x10^{-5}$ M de kinetina, puesto que fue el que dio mejores resultados.

La producción de metabolitos secundarios en el medio MS11 se encuentra representada en la Figura 21.

En la Figura 21A se observa que la producción de aloesina en yemas fue mayor que la de hojas y la producción de este metabolito secundario aumentó hasta los 6 meses; sin embargo, cuando las yemas tenían 12 meses, no se detectó. Por el contrario, en hojas, la producción aumentó hasta los 12 meses, si bien el contenido en las hojas de estas plantas micropropagadas fue menor al de las hojas de plantas silvestres mientras que el contenido en yemas fue mayor al encontrado en yemas silvestres.

En la Figura 21B puede observarse que la producción de aloína A y B descendió ligeramente en yemas con 12 meses. En cambio, este metabolito, en hojas de plantas micropropagadas aumentó de forma significativa a los 12 meses hasta llegar a obtenerse 117,7 µg/g de peso seco.

En cuanto a la aloe-emodina, en la Figura 21C se representa la producción de este metabolito secundario fue superior en yemas con respecto a hojas. En yemas, la producción fue disminuyendo con la edad del tejido. En hojas, la mayor producción se observó a los 12 meses, siendo aproximadamente 2,5 veces mayor a la observada en hojas de plantas silvestres.

Al analizar en conjunto los resultados obtenidos del estudio llevado a cabo en hojas y yemas en cultivos de 3, 6 y 12 meses, no se observó que el contenido de metabolitos secundarios disminuyera al aumentar la edad de los cultivos, por el contrario, en el caso de la aloína A y B en hojas del medio MS11 y de la aloe-emodina de hojas de los medios MS0 y MS8, se observó que el contenido de estos metabolitos aumentó al aumentar la edad del cultivo. Ocurre lo mismo con la aloe-emodina que aumenta con la edad del cultivo en yemas del medio MS9. Solamente en yemas que se encontraban en el medio MS10, el contenido de la aloína disminuyó con la edad del cultivo.

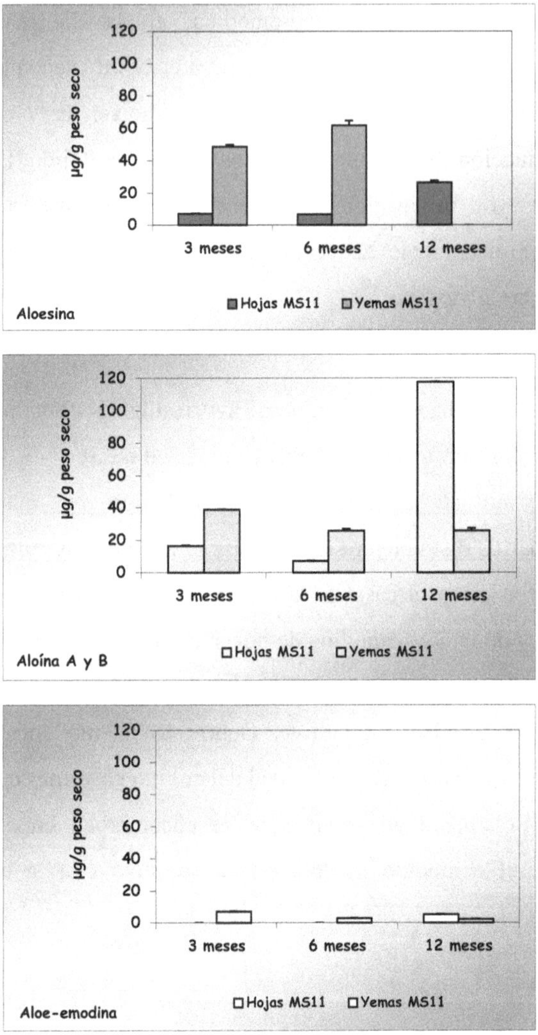

Figura 21. Variación en la producción de aloesina, aloína A y B y aloe-emodina en hojas y yemas micropropagadas en el medio MS11 con respecto al estadio de desarrollo. Se representa la media ± desviación estándar (n=3).

Con respecto al efecto de la concentración hormonal, aunque el 2,4-D parece que inhibe la producción de antraquinona en cultivos celulares de *Morinda citrifolia* (Stalman et al., 2003), en el presente trabajo se pudo ver que los contenidos más altos de aloesina y aloe-emodina se obtuvieron con el medio MS9, que contenía $2{,}26 \times 10^{-6}$ M de 2,4-D y $2{,}32 \times 10^{-5}$ M de kinetina. Mientras que, por otro lado, la producción más alta de aloína A y B se obtuvo en el medio MS11 con $5{,}37 \times 10^{-7}$ M de ANA y $2{,}32 \times 10^{-5}$ M de kinetina. Resultados similares se han obtenido en otros estudios donde el ANA parece estimular la síntesis de algunos metabolitos (Stalman et al., 2003).

2. PRODUCCIÓN DE ALOESINA, ALOÍNA A Y B Y ALOE-EMODINA EN CALLOS.

2.1. Callogénesis en hojas jóvenes de plantas silvestres.

Los explantos de hojas jóvenes de plantas silvestres se sembraron en diferentes medios de cultivo suplementados con distintas concentraciones de auxinas y citoquininas, obteniéndose diferentes resultados dependiendo de la concentración hormonal (Tabla 5).

Cuando los explantos de hojas se cultivaron en medio MS sin hormonas, se formaron callos solamente en la zona de corte y en un porcentaje escaso (3%); los callos eran pequeños, de textura compacta y no se mantuvieron más de dos subcultivos.

Al suplementar el medio MS con auxinas o citoquininas solas, éstas promovieron la formación de callo a los 30 días de cultivo dependiendo de la concentración hormonal. Las auxinas empleadas fueron 2,4-D, ANA y AIA y el máximo porcentaje de formación de callos se observó con AIA, obteniéndose un 40% con la concentración de $1{,}14 \times 10^{-5}$ M. Con la auxina 2,4-D se indujo la formación de callos en un 15%, siendo la concentración más efectiva $4{,}52 \times 10^{-7}$ M; con ANA el porcentaje máximo promedio de formación de callos fue de 7% con $2{,}69 \times 10^{-6}$ M. Los callos eran pequeños, compactos y de color verde-blanquecino. La mayoría de estos callos no resistió más de tres subcultivos.

Cuando se añadieron solamente citoquininas al medio MS, el porcentaje máximo de formación de callos fue de 17% con BA a una concentración de $4{,}4 \times 10^{-6}$ M, mientras que con kinetina la formación de callo a partir del explanto de hoja fue de 5% con $4{,}65 \times 10^{-7}$ M de esta hormona. Una vez más, los callos fueron pequeños y no se mantuvieron por más de dos subcultivos.

Al suplementar los medios con 2,4-D y BA, se favoreció la formación de callo, obteniéndose respuesta callogénica aproximadamente en el 90% de los explantos, llegando al 95% con la combinación de $4{,}52 \times 10^{-6}$ M de 2,4-D y $8{,}8 \times 10^{-6}$ M de BA. Cuando el 2,4-D se añadió junto con kinetina, la mejor respuesta se obtuvo con $9x10^{-6}$ M de 2,4-D y $4,6x10^{-6}$ M de kinetina, obteniéndose un valor máximo de 68% de formación de callo.

La siguiente mejor respuesta se obtuvo al combinar AIA y BA, llegándose a encontrar también un 95% de formación de callos, sin embargo, comparando con el medio suplementado con 2,4-D y BA, los porcentajes obtenidos con el resto de las combinaciones hormonales fueron menores. La mejor combinación fue $5,7x10^{-6}$ M de AIA y $4,4x10^{-7}$ M de BA. Con AIA y kinetina el porcentaje máximo de formación de callo fue de 72% con $5,7x10^{-7}$ M AIA y $2,32x10^{-5}$ M de kinetina.

Con ANA y BA, el porcentaje máximo de formación de callos obtenido fue de 75% con $2,69x10^{-6}$ M de ANA y $2,2x10^{-6}$ M de BA, mientras que cuando se combinó ANA con kinetina, la formación de callos disminuyó, observándose callogénesis en un 50%, con concentraciones de $5,37x10^{-6}$ M de ANA y $1,39x10^{-5}$ M de kinetina.

En resumen, la formación de callos en hojas se vio favorecida en general por una alta concentración de auxina combinada con citoquinina y las combinaciones más efectivas para inducir callogénesis fueron las formadas por 2,4-D/BA, AIA/BA y ANA/BA.

La mayoría de estos callos eran pequeños, compactos y la mayoría no sobrevivió más de 5 subcultivos, con excepción de los callos obtenidos con las combinaciones antes mencionadas, con las cuales se mantuvieron hasta por nueve subcultivos, el tamaño de los callos en estas combinaciones fue bastante similar.

Los callos eran de color verde-blanquecino, sin embargo, en las combinaciones con 2,4-D pudo verse que el color fue variando, tornándose más blanquecinos a medida que aumentaba la concentración de 2,4-D.

Los porcentajes de necrosis también fueron mayores en los medios que contenían combinaciones de 2,4-D y kinetina (Figura 22).

No se observó organogénesis en estos callos.

Tabla 5. Efecto de diferentes concentraciones de auxinas y citoquininas (Cks) en la callogénesis de explantos de hojas jóvenes de plantas silvestres de *Aloe vera.*

Auxinas (M)	CKs (M)	% Expl. que forman callo
2,4-D $4{,}52x10^{-7}$	-	15
ANA $2{,}69x10^{-6}$	-	7
AIA $1{,}14x10^{-5}$	-	40
-	BA $4{,}4x10^{-6}$	17
-	Kin $4{,}65x10^{-7}$	5
2,4-D $4{,}52x10^{-6}$	BA $8{,}8x10^{-6}$	95
2,4-D $9x10^{-6}$	Kin $4{,}6x10^{-6}$	68
AIA $5{,}7x10^{-6}$	BA $4{,}4x10^{-7}$	95
AIA $5{,}7x10^{-7}$	Kin $2{,}32x10^{-5}$	72
ANA $2{,}69x10^{-6}$	BA $2{,}2x10^{-6}$	75
ANA $5{,}37x10^{-6}$	Kin $1{,}39x10^{-5}$	50

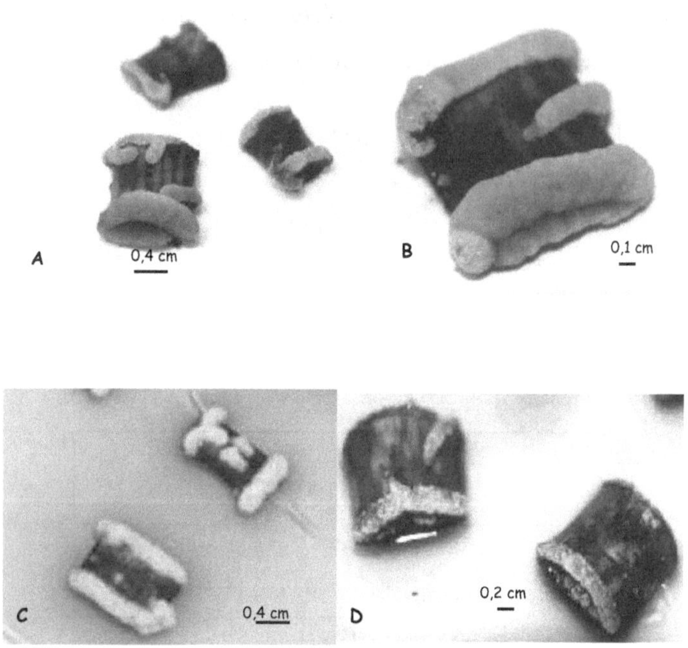

Figura 22. Callos obtenidos a partir de hojas jóvenes de plantas silvestres de *Aloe vera*. **A.** Callos obtenidos en medio con $2,26x10^{-6}$ M de 2,4-D y $8,8x10^{-6}$ M de BA. **B.** Callos obtenidos en medio con $2,26x10^{-6}$ M de 2,4-D y $2,2x10^{-5}$ M de BA. **C.** y **D.** Efecto del 2,4-D sobre el color de los callos **C.** Callos obtenidos con $4,52x10^{-7}$ M de 2,4-D y $4,6x10^{-6}$ M de kinetina. **D.** Callos obtenidos con $9x10^{-6}$ M de 2,4-D y $4,6x10^{-6}$ M de kinetina.

2.1.1. Producción de metabolitos secundarios en callos obtenidos a partir de hojas de plantas silvestres.

En vista del poco material obtenido a partir de los callos de hojas y debido a que la mayoría de ellos no sobrevivían sucesivos subcultivos, no pudo realizarse el análisis por HPLC de callos de hojas obtenidos.

2.2. Callos formados en la base de yemas apicales.

2.2.1. Morfología en callos basales de yemas apicales.

En nuestro estudio, en los medios MS3 ($4,52x10^{-6}$ M de 2,4-D y $2,22x10^{-5}$ M de BA) y MS4 ($2,26x10^{-6}$ M de 2,4-D y $4,65x10^{-7}$ M de kinetina), se observó la aparición de callos formados en la base de las yemas apicales utilizadas para la multiplicación. La respuesta general de estos callos formados, fue la formación de raíces y nuevas yemas. La formación de callo basal puede ser debida a una alta concentración de citoquinina según Pierik (1997). Sin embargo, no se ha encontrado una relación clara entre su formación y las diferentes hormonas y concentraciones de éstas, así como tampoco con la tasa de multiplicación o el tiempo de cultivo.

Estos callos se transfirieron a placas de Petri con el mismo medio de procedencia para sucesivos cultivos y estudiar su comportamiento. La morfología general de los callos fue variable dependiendo de las concentraciones hormonales utilizadas y de la presencia y concentración de ácido ascórbico en el medio (Tabla 6).

Tabla 6. Características morfológicas de los callos formados en la base de las yemas apicales.

REGULADORES DEL CRECIMIENTO (M)			CARACTERÍSTICAS DE LOS CALLOS	
2,4-D	Kin	BA	TEXTURA	COLOR
$2,26x10^{-6}$	$4,65x10^{-7}$	-	Disgregable	Verde-marrón
$4,52x10^{-6}$	-	$2,2x10^{-5}$	Disgregable	Verde

El color de los callos fue variando. En un principio, la mayoría eran de color marrón a negro debido a la oxidación de los compuestos fenólicos. Así mismo, los porcentajes de necrosis eran muy altos. Sin embargo, tanto el color como el necrosamiento fueron disminuyendo a medida que se añadía ácido ascórbico en distintas concentraciones a los medios de cultivo.

De igual manera, como se puede observar en la Tabla 6, los callos que se encontraban en los medios de cultivo con 2,4-D y kinetina presentaron más ennegrecimiento que los que se encontraban en el medio con 2,4-D y BA.

La textura de los callos fue siempre similar en todos los medios.

2.2.2. Producción de metabolitos secundarios en callos formados en la base de yemas apicales.

2.2.2.1. Contenido de aloesina, aloína A y B y aloe-emodina en callos formados en la base de yemas apicales.

El contenido de metabolitos secundarios en callos de *A. vera* se estudió mediante inyecciones en HPLC de extractos etanólicos de callos liofilizados, mantenidos en los medios MS3, MS4, MS6 y MS7.

En la Figura 23, se aprecian los cromatogramas de callos mantenidos en los medios MS3 y MS4, ya que fueron los que presentaron mejores resultados de los medios probados. Puede observarse claramente que los perfiles cromatográficos son muy similares a los obtenidos en hojas.

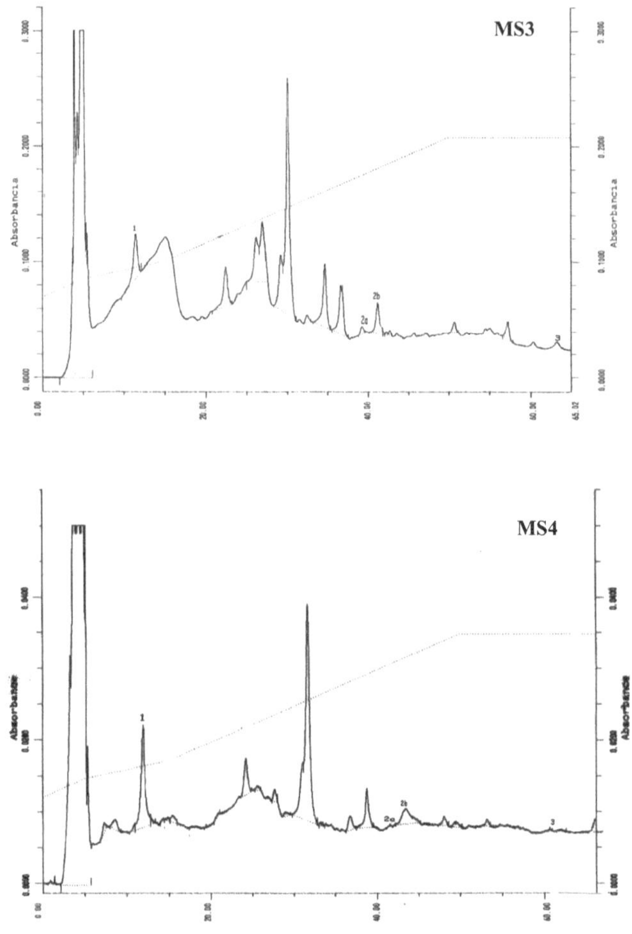

Figura 23. Cromatogramas de los extractos etanólicos correspondientes a los callos mantenidos en los medios MS3 y MS4. 1. aloesina, 2a. aloína A, 2b. aloína B, 3. aloe-emodina.

En la Figura 24 se presentan los resultados obtenidos de la cuantificación de la aloesina, aloína A y B y aloe-emodina en los callos mantenidos en los medios MS3 y MS4, ya que, como se ha visto en la sección anterior, los callos del medio MS6 no se mantuvieron más allá del subcultivo 4 y los del medio MS7, de textura muy blanda, no ofrecieron buenos resultados.

Como se aprecia en la figura, la cantidad de metabolitos secundarios fue mayor en los callos de MS3, medio que contenía $4{,}52 \times 10^{-6}$ M de 2,4-D y $2{,}22 \times 10^{-5}$ M de BA, observándose que la cantidad de aloesina producida por estos callos fue muy superior a la de la aloína A y B mientras que la cantidad de aloe-emodina se mantuvo baja.

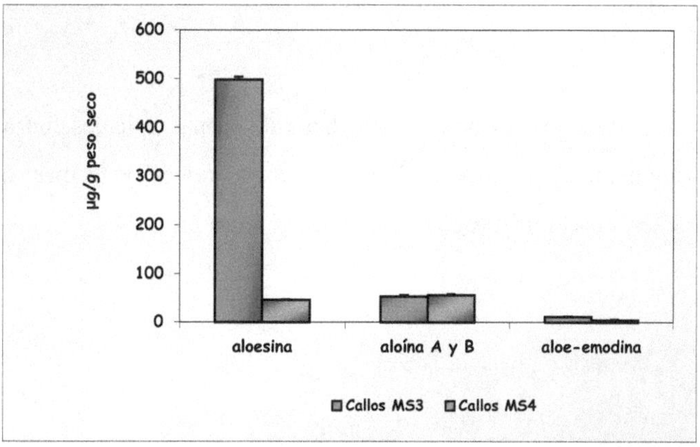

Figura 24. Producción de aloesina, aloína A y B y aloe-emodina en callos mantenidos en los medios MS3 y MS4. Se representa la media ± desviación estándar (n=6).

Si se comparan estos resultados con los obtenidos en hojas, se observa que el contenido de aloesina obtenida en estos callos fue superior al encontrado en hojas; sin embargo, si se compara con los resultados obtenidos en hojas y yemas de los medios MS0 a MS12, puede verse que el contenido de aloesina (498 μg/g p.s.) producido en callos del medio MS3, fue sólo ligeramente inferior al obtenido en yemas del medio MS9 (553,5 μg/g p.s.). Por el contrario, el contenido de la aloína A y B y el de la aloe-emodina, fueron inferiores a los resultados obtenidos en hojas jóvenes de plantas silvestres y en hojas bajo condiciones *in vitro* y de invernadero.

2.3. Organogénesis indirecta en callos de yemas apicales.

Los callos formados en la base de yemas apicales fueron organogénicos, es decir, dieron lugar a raíces y yemas de características morfológicas normales (Figura 25).

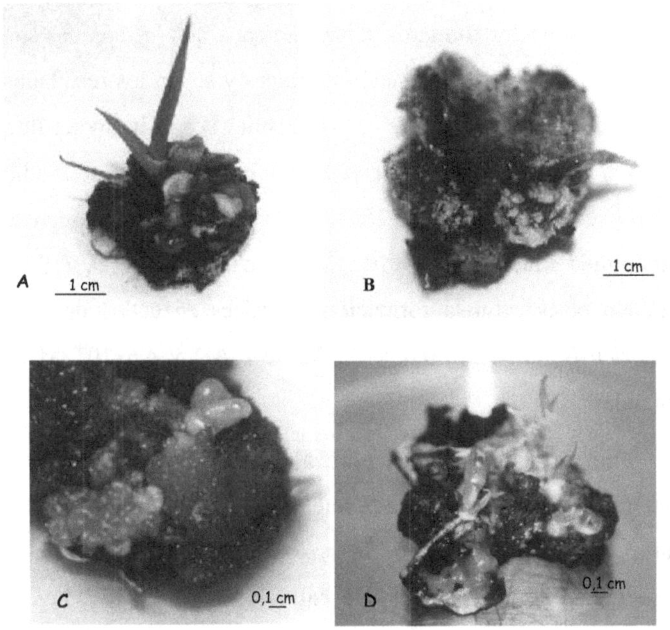

Figura 25. A. Formación de callo en la base de las yemas apicales. **B.** Raíces y **C.**, **D**. yemas formadas a partir de los callos basales provenientes de las yemas apicales.

2.3.1. Rizogénesis.

Como ya se ha expuesto, los callos formados en la base de las yemas apicales formaron raíces. Se sabe que las auxinas son capaces de inducir la formación de raíces y según los resultados obtenidos en este trabajo, el 2,4-D resultó ser la hormona más efectiva para inducir rizogénesis, especialmente cuando se añadió a bajas concentraciones ($2{,}26x10^{-6}$ M) en combinación con la citoquinina kinetina ($4{,}65x10^{-7}$ M). Groenewald et al. (1975) también observaron la formación de raíces en callos de *Aloe pretoriensis* utilizando $9{,}05x10^{-7}$ M de 2,4-D y $4{,}6x10^{-6}$ M de kinetina.

En el medio MS3, el porcentaje máximo de rizogénesis fue 3,571%, en el subcultivo 5, mientras que en el medio MS4 el porcentaje medio máximo de rizogénesis se observó en el subcultivo 2, donde un 20% de callos formaron raíces (Figura 26). Según estos resultados, la combinación hormonal que contenía el medio MS4, es decir, $2{,}26x10^{-6}$ M de 2,4-D y $4{,}65x10^{-7}$ M de kinetina, resultó la mejor para la formación de raíces en callos formados en la base de yemas apicales de *A. vera*; por tanto, puede verse también, que la combinación 2,4-D/kinetina fue mejor que la combinación 2,4-D/BA para la formación de raíces en estos callos.

Igualmente, puede observarse que la mayoría de estos callos se mantuvieron por más de 10 meses y las raíces formadas no lograron sobrevivir.

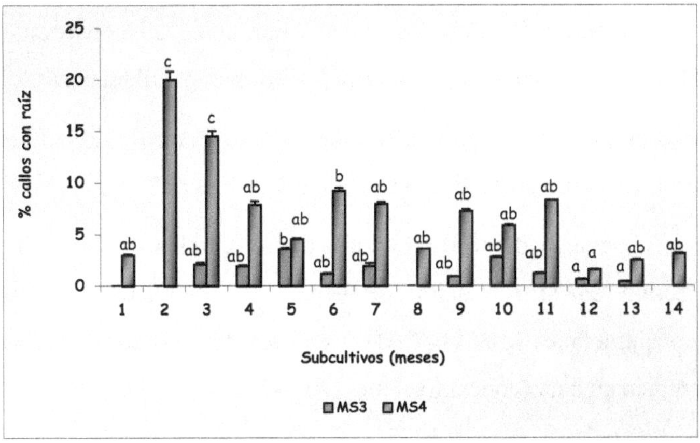

Figura 26. Porcentaje de callos que formaron raíces en callos basales formados en la base de yemas apicales de *Aloe vera* en los medios MS3 y MS4. Valores con la misma letra o sin ella no difieren significativamente para $p \leq 0,05$ (test de Duncan).

2.3.2. Caulogénesis.

En cuanto a las yemas originadas a partir de los callos basales, al igual que en la rizogénesis, la combinación 2,4-D/kinetina resultó ser la más eficaz para promover la formación de nuevas yemas. Nuestros resultados no concuerdan con los de Meyer y van Staden (1991), quienes observaron que con la adición de 2,4-D y kinetina no se incrementaba la formación de yemas en *A. vera*. En cambio, nuestros resultados sí concuerdan con los de Natali et al. (1990), que mostraron desarrollo de yemas al usar esta misma combinación.

La formación de yemas en los callos comenzó a observarse a partir del primer subcultivo en todos los medios. El mayor porcentaje de callos con yemas fue 13% en el medio de cultivo MS4. En el medio MS3, el valor fue 9,5% (Figura 27A).

Según lo descrito anteriormente, el empleo de 2,4-D fue efectivo en la formación de yemas, especialmente a bajas concentraciones ($2,26x10^{-6}$ M) y en combinación con kinetina, también en bajas concentraciones ($4,65x10^{-7}$ M).

En cuanto al número medio de yemas formadas por cada callo (Figura 27B), el medio de cultivo donde se apreció un mayor número de yemas por callo fue MS3 con un promedio de 1,6. En el medio de cultivo MS4, se obtuvo un número medio de yemas por callo igual a 1,3. En todos los casos, el número de yemas originadas en cada callo fue disminuyendo a medida que se sucedían los subcultivos.

2.3.3. Elongación, enraizamiento y aclimatación de las yemas obtenidas.

Las yemas adventicias obtenidas mediante los callos que se formaron en la base de las yemas apicales iniciales se transfirieron a frascos de cultivo con el mismo medio en el que se encontraban.

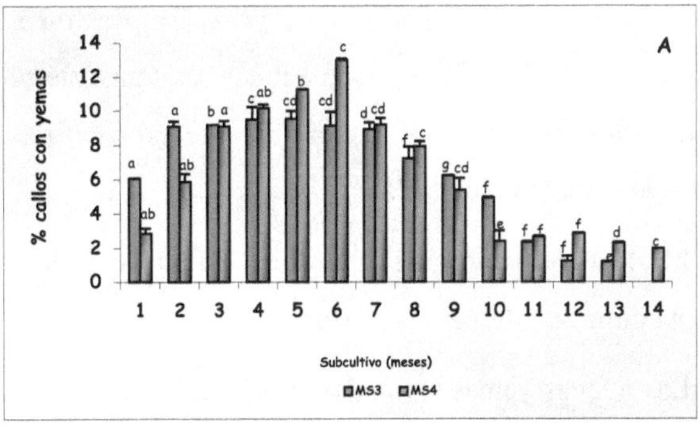

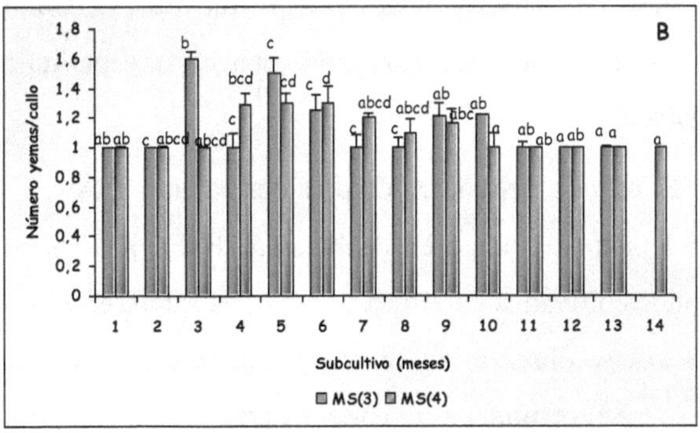

Figura 27. A. Porcentaje de callos que formaron yemas y **B.** Número de yemas originadas por callo en los medios MS3 y MS4. Valores con la misma letra o sin ella no difieren significativamente para $p \leq 0,05$ (test de Duncan).

Las yemas del medio MS6 no lograron sobrevivir; las yemas obtenidas con el resto de los medios, independientemente del tipo de medio de cultivo, lograron enraizar con un 100% de éxito, sin necesidad de reguladores del crecimiento.

Después de 7-8 subcultivos, las yemas se pasaron a la fase de aclimatación. Para ello, las plántulas se transfirieron a un sustrato formado por una mezcla de turba:perlita (1:1), obteniéndose un éxito de 53%.

2.3.4. Producción de aloesina, aloína A y B y aloe-emodina en hojas de yemas adventicias.

Las nuevas yemas formadas en los callos que se formaron en la base de yemas apicales fueron transferidas, como ya se mencionó anteriormente, a macetas con turba y perlita para su aclimatación.

El estudio del contenido de aloesina, aloína A y B y aloe-emodina sólo se realizó en las hojas de las yemas obtenidas de los callos cultivados en el medio MS4, ya que fueron las yemas en las que se observó mayor porcentaje de supervivencia y por tanto se pudo recopilar suficiente material para dicho estudio; no así con las yemas de los callos en los medios MS3, MS6 y MS7.

En la Figura 28, puede observarse que la producción de aloesina y aloína A y B en las hojas de estas plantas fue mayor a la observada en las hojas de las plantas mantenidas en invernadero obtenidas con fotoperiodo de 12 h luz, pero menor al contenido de las hojas de plantas *in vitro* y también fue menor al contenido encontrado en los callos de donde se originaron estas yemas y al de hojas de plantas silvestres.

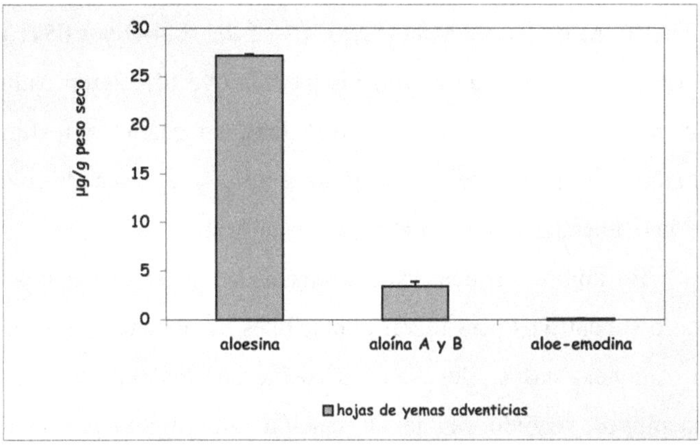

Figura 28. Producción de aloesina, aloína A y B y aloe-emodina en hojas de las yemas adventicias formadas en callos del medio MS4 mantenidas en invernadero. Se representa la media ± desviación estándar (n=3).

3. PRODUCCIÓN DE METABOLITOS SECUNDARIOS EN SUSPENSIONES CELULARES DE *Aloe vera.*

3.1. ESTABLECIMIENTO Y CRECIMIENTO DE SUSPENSIONES CELULARES DE *Aloe vera.*

Las suspensiones celulares se establecieron a partir de los callos obtenidos de la base de las yemas apicales que se utilizaron para la multiplicación de éstas, específicamente los callos mantenidos en los medios MS3 ($4{,}52x10^{-6}$ M de 2,4-D y $2{,}22x10^{-5}$ M de BA) y MS4 ($2{,}26x10^{-6}$ M de 2,4-D y $4{,}65x10^{-7}$ M de kinetina) ya que fueron los medios que ofrecieron callos con mejores características morfológicas, en cuanto a textura, tamaño y color. Los callos escogidos eran disgregables, de color verde o amarillo y no mostraban necrosamiento.

En ambos medios, las suspensiones precisaron de tres o cuatro subcultivos para lograr poblaciones homogéneas, además, en algunos casos, las células debieron disgregarse entre subcultivos debido a la formación de aglomerados de aproximadamente 0,8 cm.

En los dos medios estudiados, las suspensiones se caracterizaron por presentar un color amarillo, sin embargo, las suspensiones del medio MS3 siempre mostraron más ennegrecimiento que las del medio MS4, observándose en algunas ocasiones una coloración rojiza, que persistió en los extractos etanólicos.

3.1.1. Viabilidad celular.

En la Figura 29 puede observarse que la viabilidad de las células en suspensión en los medios estudiados fue muy similar durante prácticamente todo el cultivo. En ambos medios, la viabilidad fue superior al 80% en los primeros días del cultivo, descendiendo hasta el día 18 en el que la viabilidad fue casi nula.

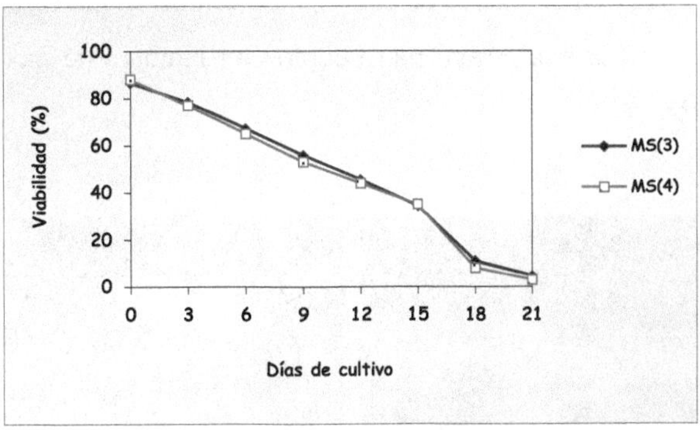

Figura 29. Viabilidad de las células en suspensión en los medios MS3 y MS4.

La morfología celular también fue similar en los dos medios, sin embargo, sí se encontraron las diferencias típicas de las células en suspensión dependiendo de estado de desarrollo; las células jóvenes presentaban forma redondeada (Figura 30) y en las células senescentes se encontraron formas alargadas (Figura 31).

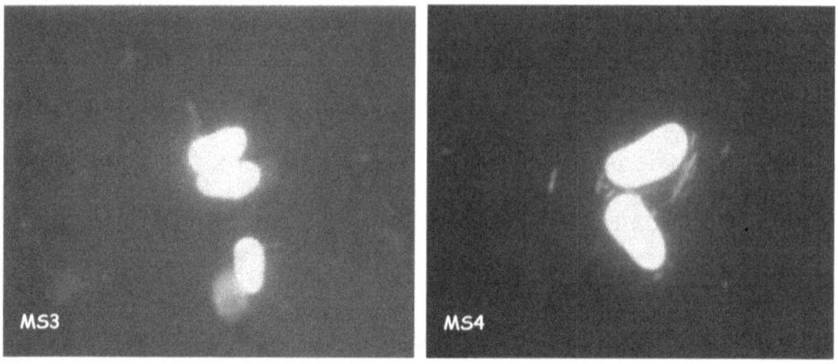

Figura 30. Células en suspensión de *Aloe vera* en los medios MS3 y MS4 en el día tres de cultivo. Las células se marcaron con FDA y se observaron en microscopio con lámpara de mercurio (1000x).

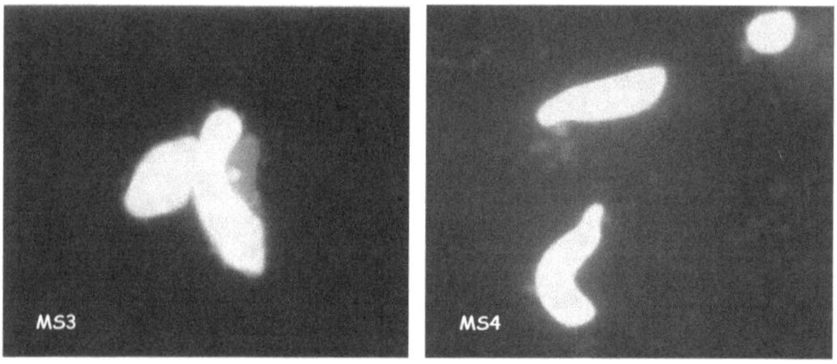

Figura 31. Células en suspensión de *Aloe vera* en los medios MS3 y MS4 después de quince días de cultivo. Las células se marcaron con FDA y se observaron en microscopio con lámpara de mercurio (1000x).

3.1.2. Crecimiento de las suspensiones.

En la Figura 32 se presenta el crecimiento de las suspensiones en ambos medios que fue expresado como incremento en peso fresco y en peso seco con respecto al peso del día 0, durante 21 días de cultivo.

Como puede observarse, en ambos medios el mayor incremento se produce principalmente durante los primeros días del cultivo, descendiendo al final de éste. El incremento en peso fresco fue mayor en MS3 en comparación con MS4. En MS3 el mayor incremento en peso fresco se alcanza entre los días 9 y 12, a partir de allí, el peso tiende a estabilizarse y a disminuir al final del cultivo. En MS4 ocurre una situación similar, sin embargo, el incremento fue mucho menor al observado en MS3.

Con respecto al peso seco, en la misma Figura se muestra que en MS3 el incremento en peso seco ocurrió en el día 12 y luego disminuyó hasta el día 21 de cultivo mientras que en MS4, a diferencia de lo que sucede en MS3, el incremento fue menor durante los primeros días de cultivo, el mayor incremento ocurre entre los días 12 y 15 y disminuye al final del cultivo.

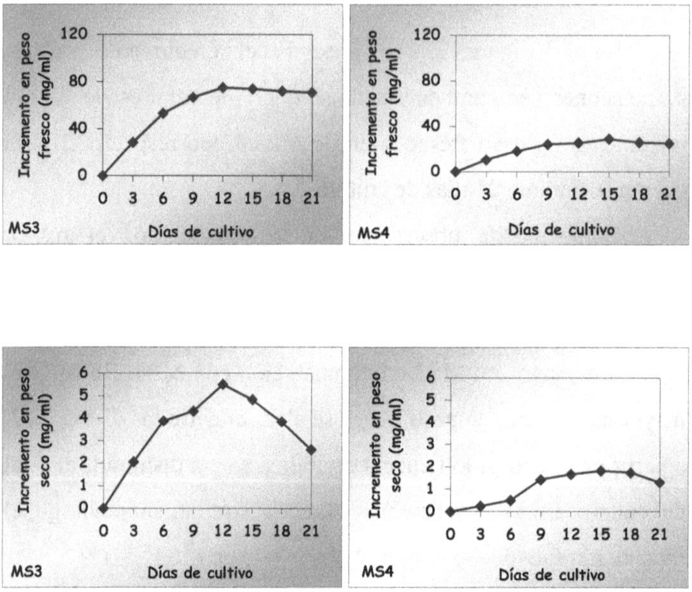

Figura 32. Incremento en peso fresco y peso seco de las células en suspensión de *Aloe vera* en los medios MS3 y MS4.

3.1.3. Consumo de nutrientes.

En el medio de cultivo filtrado de las suspensiones celulares se determinó el consumo de nutrientes realizado por las células durante el cultivo.

En primer lugar, se determinó la fuente de carbono esencial para el crecimiento celular.

Como puede verse en la Figura 33, la presencia de azúcares totales en el medio de cultivo descendió de forma lineal a partir del tercer día de cultivo llegando hasta el 20% a los 21 días de cultivo; sin embargo, en MS4, quedaba casi un 40% después de 21 días de cultivo.

En cuanto al contenido de sacarosa, se observó que en ambos medios, la sacarosa desaparecía en los primeros días de cultivo; en MS3 este disacárido desapareció en el noveno día de cultivo mientras que en MS4 en el mismo día quedaba un 3% de sacarosa llegando a desaparecer completamente en el día 12.

Además, se determinaron los monosacáridos producto de la hidrólisis de la sacarosa (fructosa y glucosa). Aunque disminuyó el contenido de sacarosa en el medio, se detectó la presencia de glucosa y fructosa a partir del día 9 en el medio de cultivo de las suspensiones. En el medio MS3, estos azúcares disminuyeron hasta el 10% y sin embargo, en el medio MS4 había un 30% de ambos.

Comparando ambos medios, puede observarse que en el medio MS3, donde el incremento en peso seco fue mayor, también hubo más consumo de los azúcares que en el medio MS4 a lo largo del cultivo, además, se observa que el mayor consumo ocurre durante la fase de crecimiento de las células.

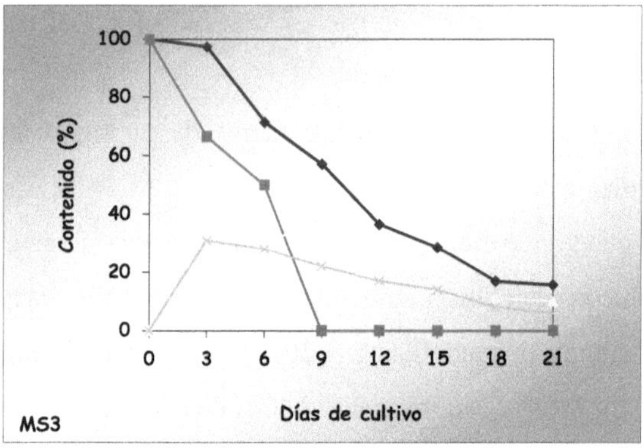

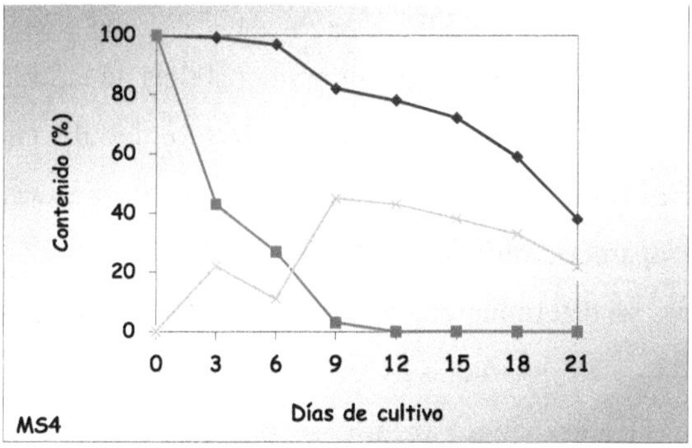

Figura 33. Contenido del medio de cultivo de suspensiones celulares de *Aloe vera* en azúcares totales ♦, sacarosa■ , fructosa △ y glucosa ×, en los medios MS3 y MS4.

Otros nutrientes de importancia en el crecimiento celular en suspensión fueron fosfato y el nitrato.

Como puede verse, además de la sacarosa, el fosfato también fue factor limitante para el crecimiento de las células en suspensión. En la Figura 34 se observa que en el medio MS3, el contenido de fosfatos disminuyó gradualmente a lo largo del cultivo, observándose un 5% de fosfatos en el día quince mientras que en MS4, en el día seis las células ya habían consumido más del 50% de fosfato presente en el medio, al llegar a los días doce y quince, el nivel de fosfato bajó drásticamente para prácticamente desaparecer en los días 18 y 21 de cultivo (fase estacionaria).

El consumo de fosfatos en MS3 (2,4-D/BA) fue más lento, encontrándose que el contenido de éstos en este medio fue mayor al detectado en MS4, lo que coincide con el mayor crecimiento de las células en MS3.

En contraste, el consumo de nitratos por parte de las células en suspensión de *A. vera* fue más o menos similar en ambos medios, no obstante, el nitrato no fue limitante en el crecimiento de las suspensiones celulares puesto que el contenido de este nutriente en los dos medios se mantuvo alto durante el cultivo, aunque ligeramente menor en MS4 en comparación con MS3; es decir, que a pesar de la disminución del peso seco al final del cultivo, se encontró que en MS4 había un 42% de nitratos en el día 21, o sea, durante la fase estacionaria de las células.

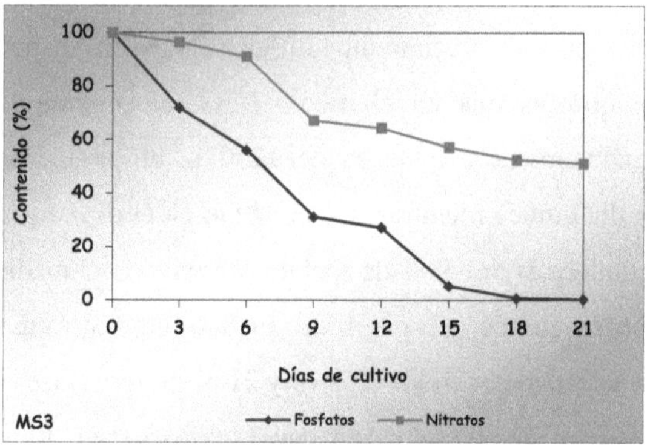

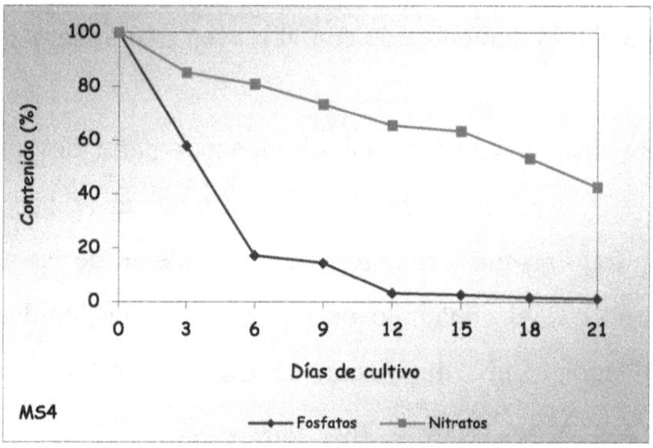

Figura 34. Contenido de fosfatos y nitratos del medio de cultivo de células en suspensión de *Aloe vera* en los medios MS3 y MS4.

3.1.4. PRODUCCIÓN DE METABOLITOS SECUNDARIOS EN SUSPENSIONES CELULARES DE *Aloe vera* EN LOS MEDIOS MS3 Y MS4.

Los extractos etanólicos de los medios de suspensión MS3 y MS4 fueron cromatografiados en HPLC. Para este estudio se seleccionaron nuevamente, los tres compuestos de mayor importancia económico-medicinal de *Aloe vera*, es decir, aloesina, aloína A y B y aloe-emodina.

Los compuestos observados en las suspensiones se corresponden con los mismos compuestos ya observados en plantas silvestres, plantas *in vitro*, así como también en yemas, callos y en plantas aclimatadas.

En la Figura 35 se presenta el contenido en µg por gramo de peso seco de aloesina, aloína A y B y aloe-emodina en las suspensiones celulares de *Aloe vera* en los medios MS3 y MS4. Puede observarse que el contenido de metabolitos es mucho mayor en el medio MS3 que en el medio MS4, encontrándose en ambos medios un mayor contenido de metabolitos al final del cultivo, cuando las células han cesado su crecimiento.

En MS3, la aloesina fue el metabolito que se encontró en mayor cantidad, seguida de la aloína y por último, la aloe-emodina. En el caso de la aloesina, ésta se produjo durante todo el cultivo y el mayor incremento ocurrió en el día 18 con 119 µg/g p.s. La aloína A y B sólo se detectó en los días 3, 6 y 9, con la producción más alta en el día 6 con 6,85 µg/g p.s. La aloe-emodina, en cambio, al igual que la aloesina, pudo observarse durante todo el cultivo en cantidades más bajas que la aloína, con la mayor producción durante el día 9 (2,042 μg/g p.s.).

En MS4, nuevamente la aloesina fue el metabolito que se produjo en mayor cantidad, seguida de la aloína A y B y de la aloe-emodina, aunque las cantidades encontradas fueron mucho menores a las del medio MS3. La producción de aloesina pudo detectarse durante los días 6, 18 y 21, encontrándose la mayor producción en el día 18 con 10,8 μg/g p.s. La aloína se detectó en los días 3 y 18 y la mayor producción se observó en el día 18 con 6,4 μg. A la aloína A y B le siguió en producción la aloe-emodina, que se encontró durante casi todo el cultivo, excepto en los días 0 y 6. El mayor contenido se encontró en el día 18 con 0,94 μg/g p.s.

3.2. OPTIMIZACIÓN DE LA PRODUCCIÓN DE METABOLITOS SECUNDARIOS MEDIANTE LA UTILIZACIÓN DE IONES METÁLICOS Y ÁCIDO SALICÍLICO EN SUSPENSIONES CELULARES DE *Aloe vera*.

Estudios previos han demostrado que el crecimiento y producción de metabolitos secundarios puede aumentarse o disminuirse por la adición de metales pesados y otras sustancias como el ácido salicílico (Andrijany et al., 1999; Pitta-Alvarez et al., 2000).

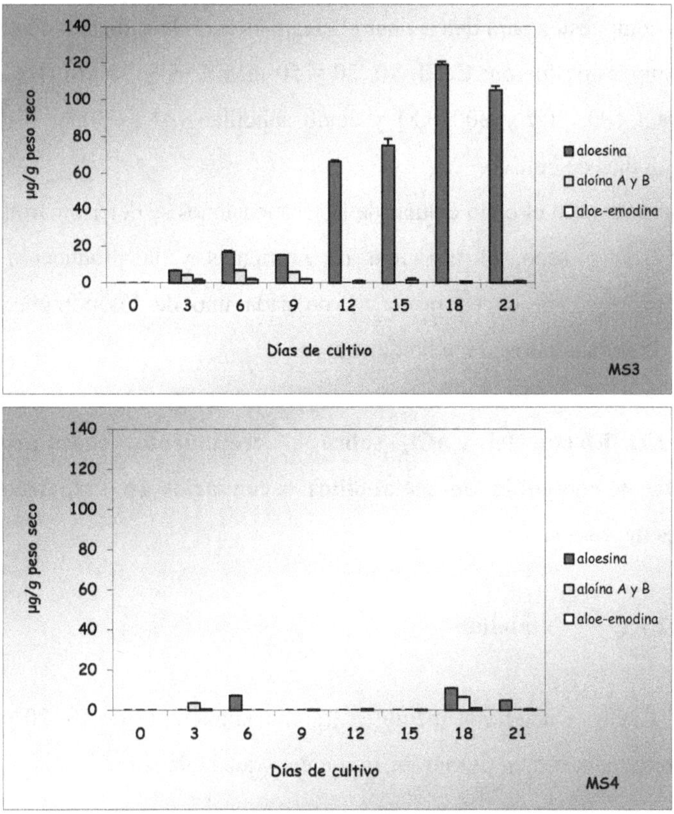

Figura 35. Variación del contenido de aloesina, aloína A y B y aloe-emodina en el medio de cultivo de suspensiones celulares de *Aloe vera.* Se representa la media ± desviación estándar (n=5).

Para realizar el estudio, los medios de cultivo se suplementaron con diversos compuestos para determinar el efecto elicitor de cada uno de ellos. Estos compuestos fueron: $CaCl_2$ 10, 20 y 50 mM, $CoCl_2$ 50 µM, $NiCl_2$ 5 mM, NaCl 100, 200 y 300 mM y ácido salicílico (AS) 0,01 y 1 mM, durante 18 días de cultivo.

Durante todo el ciclo celular de las suspensiones se determinaron los pesos fresco y seco, el consumo de nutrientes y la producción de metabolitos secundarios en presencia de cada uno de los compuestos, después de ser añadidos al medio de cultivo.

3.2.1. Efecto del $CaCl_2$ sobre el crecimiento, consumo de nutrientes y contenido de metabolitos secundarios en suspensiones celulares de *Aloe vera*.

1.2.1.1. Viabilidad.

El $CaCl_2$ se añadió al medio en las concentraciones de 10, 20 y 50 mM, determinándose en primer lugar el efecto que tenía sobre la viabilidad celular.

La viabilidad fue alta durante el cultivo, disminuyendo gradualmente a medida que transcurría éste; en ambos medios los porcentajes de viabilidad fueron ligeramente inferiores a los de las suspensiones sin $CaCl_2$ (susp. controles) y al comparar ambos medios se ve que las viabilidades de MS4 fueron levemente inferiores a las de MS3 (Figura 36).

Además, en la Figura 36 se observa que la viabilidad de las células fue menor a medida que se incrementa la concentración de $CaCl_2$ en el medio, de forma que la concentración de 50 mM de $CaCl_2$ provocó un descenso de la viabilidad del 20% durante todo el ciclo celular en el medio MS3; en el medio MS4, también se observó descenso de la viabilidad.

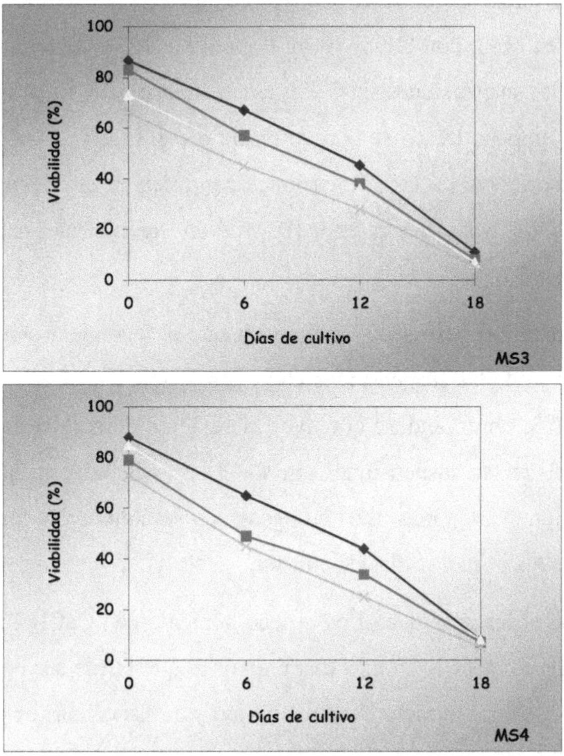

Figura 36. Efecto de diferentes concentraciones de $CaCl_2$ sobre la viabilidad de las células en suspensión de *Aloe vera* en los medios MS3 y MS4. Control ♦, $CaCl_2$ 10 mM ■, $CaCl_2$ 20 mM △, $CaCl_2$ 50 mM X.

3.2.1.2. Crecimiento de las suspensiones.

En la Figura 37 se presentan los incrementos en peso fresco y peso seco de las suspensiones celulares de *Aloe vera* cuando se añadió $CaCl_2$ al medio de cultivo.

Como puede observarse, los mayores incrementos en peso fresco se obtuvieron en MS3; con $CaCl_2$ 10 mM, en el día 12, el incremento fue 3,3 veces el de las suspensiones sin $CaCl_2$ (susp. controles) y en MS4, el mayor incremento en peso fresco se obtuvo el día 6 con $CaCl_2$ 20 mM, siendo 3 veces el peso fresco de las suspensiones controles en ese mismo día. Los incrementos de peso fresco en MS3 fueron ligeramente mayores con respecto a MS4.

En cuanto al peso seco, se muestra que el incremento en peso seco fue superior al de las suspensiones controles al adicionar $CaCl_2$ 10 mM en el medio MS3, observándose el mayor incremento durante el día 6, siendo 1,2 veces el de las suspensiones sin $CaCl_2$ con dicha concentración. En MS4, los incrementos más altos en peso seco se obtuvieron con $CaCl_2$ 20 mM durante los primeros días de cultivo.

Puede observarse que el peso seco aumentó con $CaCl_2$ 10 y 20 mM mientras que con $CaCl_2$ 50 mM disminuyó, lo que puede ser debido a que el $CaCl_2$, a esa concentración, resulta tóxico para las células en suspensión de *Aloe vera*.

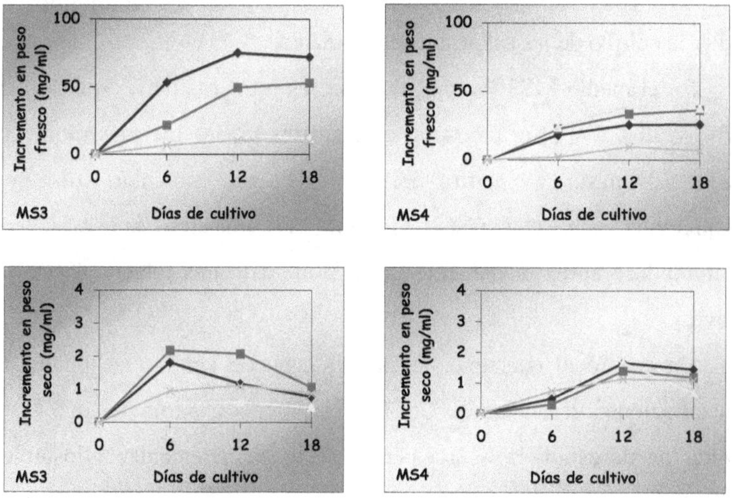

Figura 37. Efecto de diferentes concentraciones de $CaCl_2$ sobre el incremento en peso fresco y peso seco de células en suspensión de *Aloe vera* en los medios MS3 y MS4. Control ♦ , $CaCl_2$ 10 mM ■ , $CaCl_2$ 20 mM △, $CaCl_2$ 50 mM X.

3.2.1.3. Consumo de nutrientes.

La Figura 38 muestra la desaparición de la fuente de carbono del medio de cultivo de las suspensiones celulares.

En el medio MS3 (verde), durante los primeros días, especialmente entre los días 0 y 6, el consumo de azúcares totales fue más rápido con $CaCl_2$ 20 mM, a partir del día 12 el contenido disminuye considerablemente; con $CaCl_2$ 50 mM el consumo fue más lento, encontrándose aproximadamente un 10% de azúcares totales al final del cultivo.

En cuanto al consumo de sacarosa, puede verse que con las tres concentraciones utilizadas de $CaCl_2$, desaparecía a partir del día 12 y a medida que descendía la sacarosa en el medio, se incrementaban los niveles de fructosa y glucosa.

Comparando estas gráficas con la del control, que representa el consumo de la fuente de carbono sin la presencia de $CaCl_2$, cabe destacar que el consumo de azúcares en general fue más rápido en las suspensiones con $CaCl_2$, lo que coincide con un crecimiento más rápido, en peso fresco y peso seco, de estas suspensiones, en comparación con el control.

En MS4 (azul), el consumo de azúcares totales fue más rápido con $CaCl_2$ 10 mM y fue más lento con $CaCl_2$ 20 mM; la sacarosa fue consumida más rápidamente con $CaCl_2$ 20 mM aunque en todos los casos desapareció en el día doce. La fructosa y la glucosa presentaron valores muy similares entre sí, siendo el contenido de la glucosa por lo general menor que el de la fructosa.

Al comparar estas gráficas con la suspensiones controles, los azúcares totales desaparecieron antes del medio cuando se añadió $CaCl_2$ a éste, mientras que el contenido de sacarosa, fructosa y glucosa fue mayor con $CaCl_2$, es decir, el consumo de éstos fue más lento.

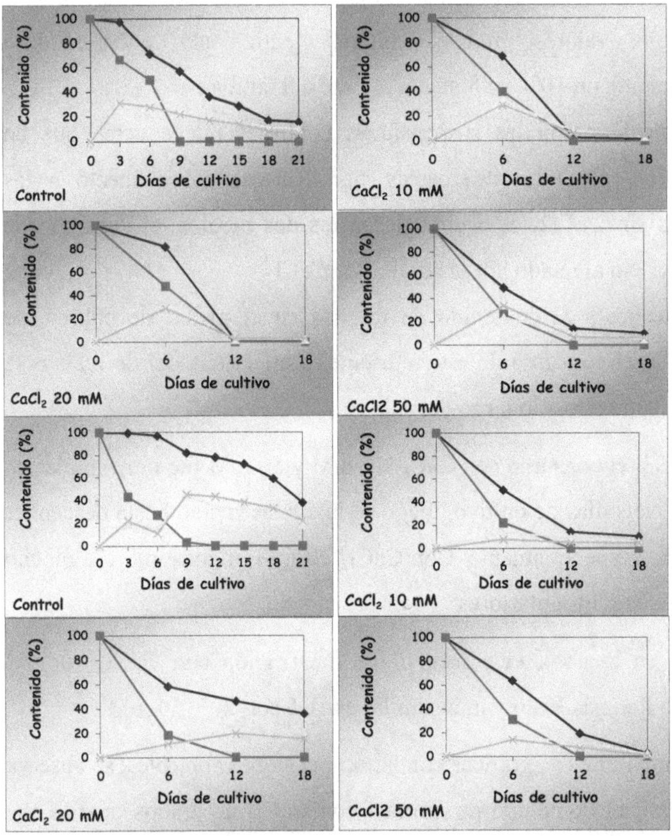

Figura 38. Efecto del $CaCl_2$ sobre el contenido de azúcares totales ♦, sacarosa ■ , fructosa Δ y glucosa X en el medio de cultivo de las suspensiones celulares de *Aloe vera* en los medios MS3 (verde) y MS4 (azul).

En la figura que sigue a continuación (Figura 39) puede verse el efecto que ejerce el $CaCl_2$ sobre el contenido de fosfatos en los medios MS3 y MS4. En MS3, el consumo fue más rápido con 50 mM mientras que con 10 mM y 20 mM el contenido de fosfato fue más alto durante todo el cultivo, con valores muy similares entre sí, encontrándose aproximadamente un 10% de fosfatos al final del cultivo.

Al comparar con las suspensiones controles puede verse que en ambos medios, no hubo diferencias significativas con respecto a las suspensiones sin CaCl2, es decir, que en los dos medios, el consumo de fosfatos no se vio afectado por la adición de $CaCl_2$.

Con respecto al contenido de nitratos en el medio de cultivo, se puede ver que el consumo de este nutriente, a diferencia del de fosfato se mantuvo bastante alto a lo largo del cultivo.

En MS3, el consumo con $CaCl_2$ 20 mM y 50 mM fue muy similar en los primeros seis días de cultivo, luego se hizo más rápido hasta descender al 12% y 6%, respectivamente. Con $CaCl_2$ 10 mM el consumo fue mucho más lento que con los anteriores.

En MS4, en cambio, el consumo fue más rápido con $CaCl_2$ 10 mM mientras que fue más lento y muy similar entre $Cacl_2$ 20 y 50 mM.

Al comparar estas gráficas con las suspensiones controles, se observa que, en general, el contenido de nitratos con $CaCl_2$ en ambos medios fue menor, lo que significa que el consumo de nitratos con $CaCl_2$ fue más rápido que sin éste.

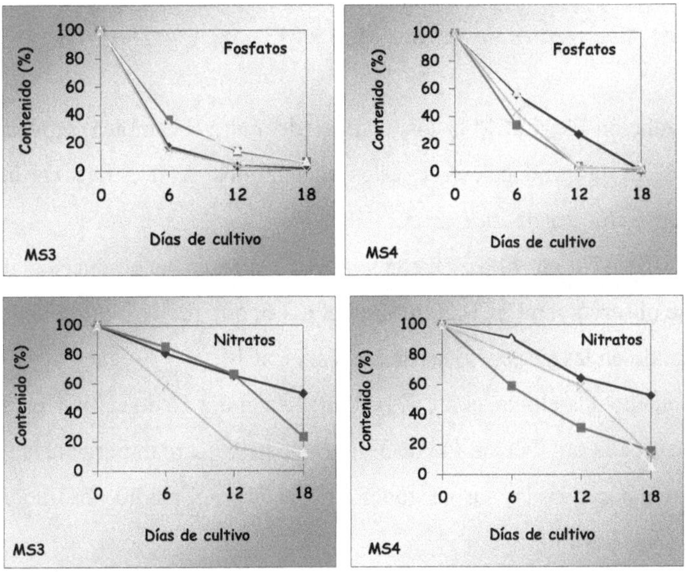

Figura 39. Efecto del $CaCl_2$ sobre el contenido de fosfatos y nitratos en el medio de cultivo de suspensiones celulares de *Aloe vera* en los medios MS3 y MS4. Control ♦, $CaCl_2$ 10 mM■ , $CaCl_2$ 20 mM Δ , $CaCl_2$ 50 mM X.

3.2.1.4. Efecto de diferentes concentraciones de $CaCl_2$ sobre el contenido de aloesina, aloína A y B y aloe-emodina en suspensiones celulares de *Aloe vera* en los medios MS3 y MS4.

La adición de $CaCl_2$ a los medios de cultivo también provocó variaciones en la producción de estos metabolitos secundarios en las suspensiones celulares de *Aloe vera.*

En MS3 (Figura 40), el incremento más alto en la producción de aloesina se observó con $CaCl_2$ 20 mM en el día 6, que fue sólo un 52% del valor obtenido en las suspensiones de MS3 sin $CaCl_2$.

En cuanto a la aloína, con $CaCl_2$ 10 mM en el día 12 de cultivo, pudo observarse que la producción fue de 39 μg/g de peso seco, importante si se tiene en cuenta que en las suspensiones sin $CaCl_2$ en el medio MS3 no se detectó este metabolito.

Por otra parte, con la adición de $CaCl_2$ 10 mM y durante el día 6 del cultivo, se obtuvo la producción más alta de aloe-emodina, con 27,5 μg, es decir, un 1620% de incremento con respecto a las suspensiones de MS3 sin $CaCl_2$.

Con $CaCl_2$ 20 mM, la producción de aloesina no sobrepasó la encontrada en las suspensiones controles mientras que la producción más alta de aloína fue encontrada en el día 6, con un 131% de incremento con respecto a lo obtenido en las suspensiones sin $CaCl_2$. Por último, la producción de aloe-emodina fue alta en el día 6 con 4,5 μg/g de peso seco, en otras palabras, un incremento del 270%.

Cuando se añadió $CaCl_2$ 50 mM en el medio MS3, la producción de aloesina fue baja, alcanzándose solamente un 24% del valor encontrado en las suspensiones controles en el día 6. En el caso de la aloína, la producción más alta fue de 6,4 µg/g en el día 12 del cultivo, mientras que en las suspensiones controles no fue detectado este metabolito durante los días 12 y 18. La producción de aloe-emodina también descendió con respecto a la obtenida con $CaCl_2$ 10 mM y 20 mM, ya que el incremento más alto fue del 70% en el día 12 de cultivo.

En fin, puede verse que la adición de $Cacl_2$ 10 mM indujo la producción más alta de aloe-emodina, con 1620% por encima de lo observado en las suspensiones sin $CaCl_2$, es decir, que la adición de $CaCl_2$ a bajas concentraciones induce un mayor crecimiento en peso fresco y peso seco y una mayor producción de metabolitos secundarios.

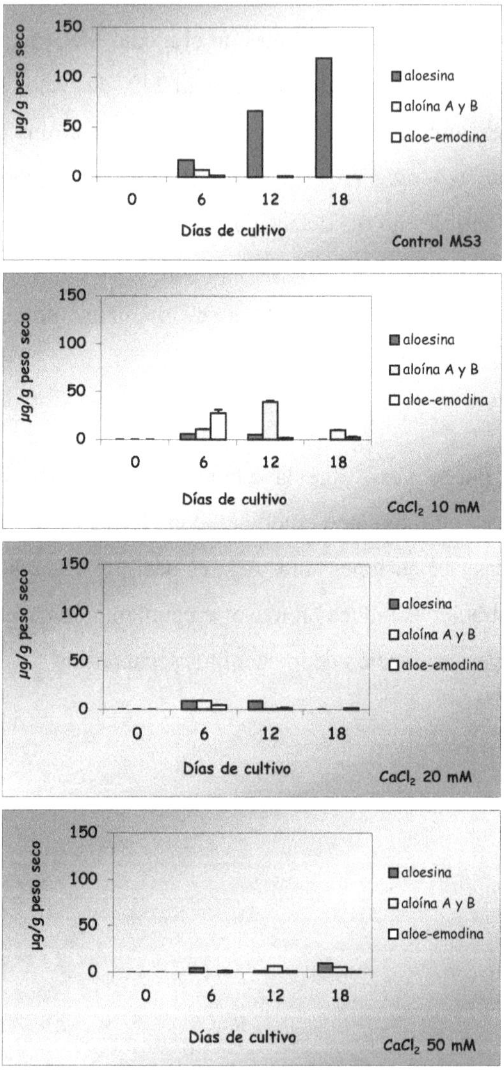

Figura 40. Efecto de diferentes concentraciones de $CaCl_2$ sobre el contenido de aloesina, aloína A y B y aloe-emodina en suspensiones celulares de *Aloe vera* en el medio MS3. Se representa la media ± desviación estándar (n=3).

En el medio MS4 (Figura 41), cuando se añadió $CaCl_2$ al medio de cultivo el contenido de los tres metabolitos secundarios estudiados fue menor al observado en el medio MS3.

Con $CaCl_2$ 10 mM, la producción de aloesina fue muy baja, de hecho, no se detectó en la mayor parte del cultivo, sólo en el día 18 se encontraron 1,06 µg, o sea, un 10% de la producción en las suspensiones sin $CaCl_2$.

En cuanto a la producción de aloína A y B, la adición de $CaCl_2$ 10 mM al medio de cultivo, en el día 6 de cultivo, indujo la producción de este metabolito en 14,3 µg/g de peso seco que no fue detectado en las suspensiones sin $CaCl_2$.

Situación similar a la de la aloína ocurrió con su derivado, la aloe-emodina, cuya producción fue de 5,07 µg/g al añadir $CaCl_2$ 10 mM en el día 6 del cultivo.

Con $CaCl_2$ 20 mM, la producción de aloesina en el día 12 fue de 6,7 µg/g de peso seco mientras que en las suspensiones de MS4 sin $CaCl_2$ este metabolito no fue detectado; en el día 18 la producción fue casi igual a la de los controles.

En cuanto a la aloína, la producción de este metabolito secundario solamente fue detectada en el día 18, con un valor muy similar al encontrado en las suspensiones sin $CaCl_2$, siendo un 107% de dicho valor.

La adición de $CaCl_2$ 50 mM indujo la producción de aloesina en el día 18 de cultivo con 62,6 µg; sólo se observó aloína A y B durante el día 6, con 4,6 µg, este metabolito no fue detectado durante ese día en las suspensiones controles y, por último, la producción de aloe-emodina con $CaCl_2$ 50 mM fue más baja que con $CaCl_2$ 10 mM.

Es necesario destacar la alta producción de aloe-emodina (27,5 μg) obtenida en el medio MS3 mediante la adición de $CaCl_2$ 10 mM, siendo casi 14 veces la producción encontrada en hojas de plantas silvestres (Figura 14).

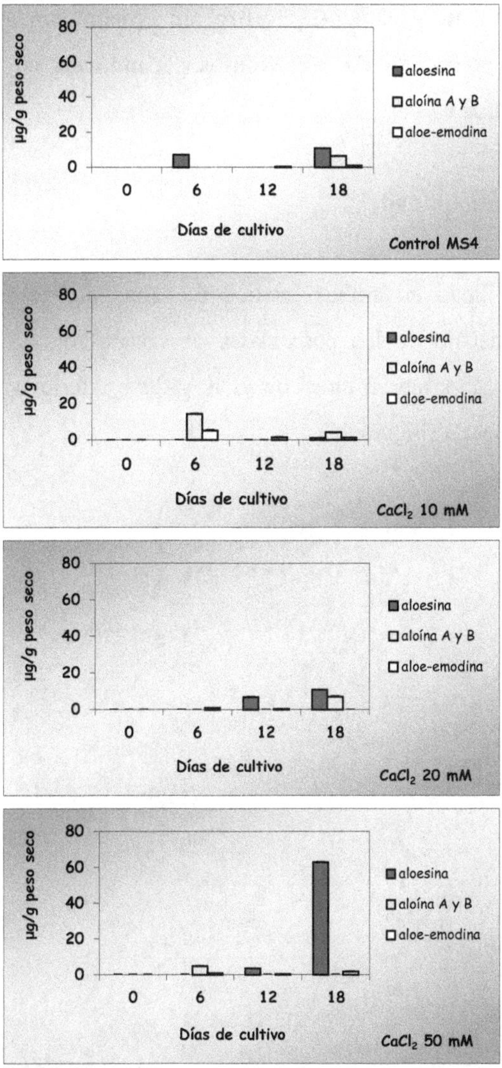

Figura 41. Efecto de diferentes concentraciones de $CaCl_2$ sobre el contenido de aloesina, aloína A y B y aloe-emodina en suspensiones celulares de *Aloe vera* en el medio MS4. Se representa la media ± desviación estándar (n=3).

3.2.2. Efecto del $CoCl_2$ sobre el crecimiento, consumo de nutrientes y contenido de metabolitos secundarios en suspensiones celulares de *Aloe vera*.

3.2.2.1. Viabilidad.

La viabilidad en ambos medios fue alta, aunque manteniéndose siempre por debajo de los porcentajes observados en las suspensiones controles. En MS4 fueron entre un 10% y 20% inferiores a los valores observados en MS3 (Figura 42).

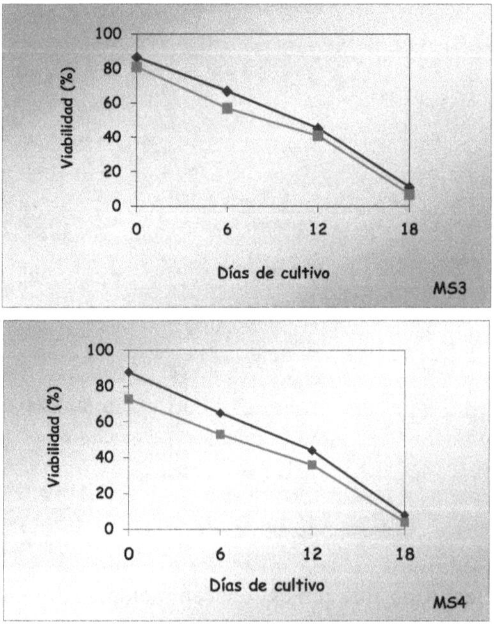

Figura 42. Efecto del $CoCl_2$ 50 μM sobre la viabilidad de las células en suspensión de *Aloe vera* en los medios MS3 y MS4. Control ♦ , $CoCl_2$ 50 μM ■.

3.2.2.2. Crecimiento de las suspensiones.

En la Figura 43 se encuentra representado el incremento en peso fresco y peso seco de las suspensiones celulares de *Aloe vera* en los medios MS3 y MS4 después de añadir $CoCl_2$ 50 µM al medio de cultivo.

En cuanto al incremento en peso fresco, el más alto ocurrió en las suspensiones con $CoCl_2$ 50 µM en MS3 superando de forma importante el peso de las suspensiones control, mientras que en el medio MS4 no hubo diferencias significativas con respecto a las suspensiones sin $CoCl_2$. Este incremento en peso fresco también se vio reflejado en el peso seco donde además alargó la fase lineal de crecimiento de la suspensión; por otra parte, puede observarse que el peso fresco se mantuvo constante al final del cultivo mientras que el peso seco disminuyó debido a que las células consumieron los nutrientes que habían sintetizado en las fases anteriores.

En MS4, aunque no se observó aumento de peso fresco, sí existió un incremento importante en peso seco, que descendió a partir del día 6 de cultivo.

En MS3, el peso seco fue inferior al observado en las suspensiones controles mientras que en MS4 fue muy similar. Así mismo, los valores de peso seco en MS4 fueron superiores a los de MS3. Igualmente, el incremento en peso seco también fue mayor en MS3 y en ambos medios, superior al encontrado en las suspensiones controles.

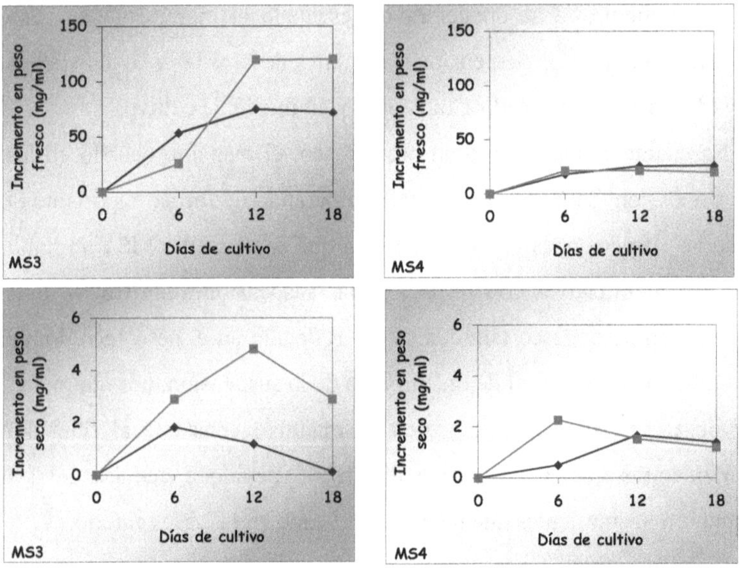

Figura 43. Efecto del $CoCl_2$ 50 µM sobre el incremento en peso fresco y peso seco de las células en suspensión de *Aloe vera* en los medios MS3 y MS4. Control ♦, $CoCl_2$ 50 µM ■

3.2.2.3. Consumo de nutrientes.

La Figura 44 muestra la utilización que las células hicieron de la fuente de carbono, observándose que durante los primeros días de cultivo, las células comenzaron a utilizar los azúcares presentes en el medio, coincidiendo con el mayor crecimiento en peso fresco y peso seco de las mismas.

El contenido de azúcares totales en el medio disminuyó a lo largo del cultivo cuando éste estuvo suplementado con $CoCl_2$ 50 μM siendo mayor el consumo en el medio MS4, donde se encontró aproximadamente un 30% de azúcares totales en el día 18 mientras que en MS3, en el mismo día, todavía quedaba casi un 40%.

La sacarosa fue consumida más rápidamente en MS4, desapareciendo en el día doce, mientras que en MS3 se agotó en el día 18 del cultivo. El perfil del consumo de la fructosa y glucosa fue muy similar durante todo el cultivo en ambos medios.

Comparando estas gráficas con la de las suspensiones controles se observa que con excepción de los azúcares totales en MS3, el contenido de azúcares fue mayor con $CoCl_2$ 50 μM que en los controles, es decir, la utilización de los azúcares presentes en el medio fue más lenta con $CoCl_2$, lo que pudo contribuir con el mayor crecimiento observado en estas suspensiones celulares.

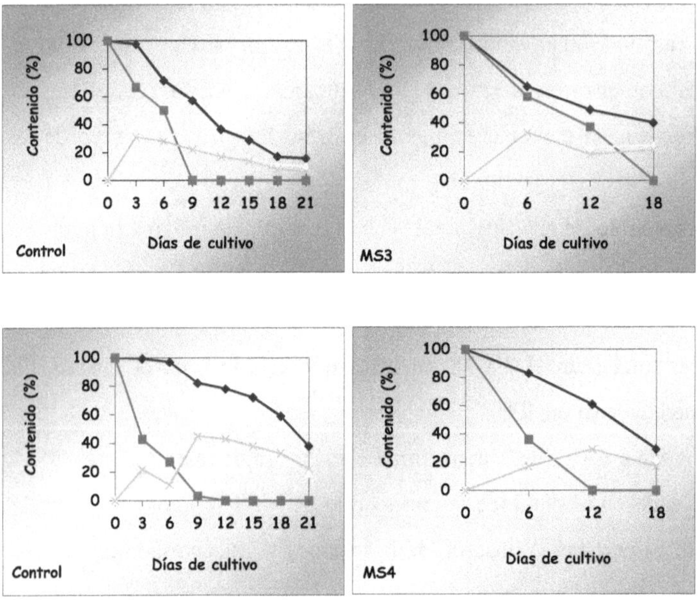

Figura 44. Efecto del $CoCl_2$ 50 μM sobre el contenido de azúcares en el medio de cultivo de suspensiones celulares de *Aloe vera* en los medios MS3 (verde) y MS4 (azul). Azúcares totales ♦, sacarosa ■ , fructosa △ y glucosa ×.

Los otros nutrientes con importancia en el crecimiento de las suspensiones celulares son el fosfato y el nitrato.

En la Figura 45 puede observarse la utilización que de estos nutrientes hicieron las células en suspensión de *Aloe vera* en medio de cultivo suplementado con $CoCl_2$ 50 μM.

En MS4, en el sexto día de cultivo, el contenido de fosfatos y nitratos era de 11% y 18%, respectivamente.

La utilización del fosfato por parte de las células en suspensión fue más rápida en MS4 en comparación con MS3, es decir, en MS3, el contenido permaneció alto a lo largo del cultivo durante la fase de crecimiento y, en ambos medios, el contenido de fosfato descendió hasta desaparecer durante la fase estacionaria de los cultivos.

El consumo de nitrato también fue más lento en MS3 que en MS4, de hecho, en MS3 se encontró aproximadamente un 50% de este nutriente al final del cultivo.

Comparando con las suspensiones control, en MS3 el contenido de fosfato fue mayor mientras que el contenido de nitrato fue menor con $CoCl_2$ y, en cambio, en MS4, el contenido de ambos nutrientes se mantuvo por debajo del valor detectado en las suspensiones controles. En otras palabras, la adición de $CoCl_2$ 50 μM al medio de cultivo de las suspensiones en MS4, ocasiona un consumo más rápido del fosfato y nitrato presente en el medio.

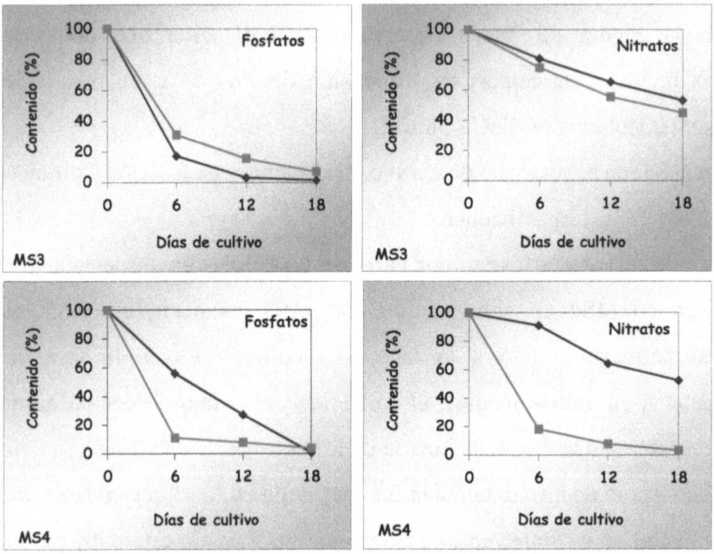

Figura 45. Efecto del $CoCl_2$ 50 µM sobre el contenido de fosfatos y nitratos en el medio de cultivo de suspensiones celulares de *Aloe vera* en los medios MS3 y MS4. Control , ◆$CoCl_2$ 50 µM . ■

3.2.2.4. Efecto del $CoCl_2$ 50 µM sobre el contenido de aloesina, aloína A y B y aloe-emodina en suspensiones celulares de *Aloe vera* en los medios MS3 y MS4.

El ión Co^{+2} indujo un incremento en la producción de cisteina en cultivos de células en suspensión de *Crotalaria cobalticola* Duvign & Plancke, *Rauvolfia serpentina* L. y *Silene cucubalus* Wibel (Oven et al., 2002). Del mismo modo, la adición de $CoCl_2$ 20 µM mejoró la producción de paclitaxol en cultivos celulares en suspensión de *Taxus chinensis* var. mairei.

En la Figura 46 puede observarse que en nuestro trabajo, cuando se añadió $CoCl_2$ 50 µM al medio de cultivo, el contenido de aloesina se incrementó en 156% con respecto al valor encontrado en las suspensiones de MS3 sin este compuesto.

Sin embargo, los mayores incrementos con $CoCl_2$ 50 µM se observaron en la producción de aloína A y B y aloe-emodina, ambos al final del cultivo, especialmente en el día 18. En el caso de la aloína, se encontró una producción de 34,7 µg por encima del valor obtenido en las suspensiones sin $CoCl_2$ 50 µM puesto que este metabolito secundario no fue detectado durante ese día en los controles. Por su parte, es importante destacar el aumento de la producción de aloe-emodina, en ambos medios. En MS3, en el día 18, se obtuvieron 17,6 µg, es decir, un incremento de 2708% sobre lo encontrado en las suspensiones sin $CoCl_2$. En MS4, durante el día 6 del cultivo, la producción de aloe-emodina fue 12,1 µg, mayor al de las suspensiones sin $CoCl_2$ 50 μM, ya que este metabolito no fue detectado ese día en las suspensiones controles.

Es necesario recalcar, que la proporción de la producción de aloe-emodina con respecto a la de la aloína se hizo mayor y que, además, si se comparan los resultados obtenidos con los de las hojas de plantas silvestres, puede observarse que la producción de aloe-emodina con $CoCl_2$ 50 μM, en los medios MS3 y MS4, ha sido 9 y 6 veces superior, respectivamente, que el obtenido en plantas silvestres.

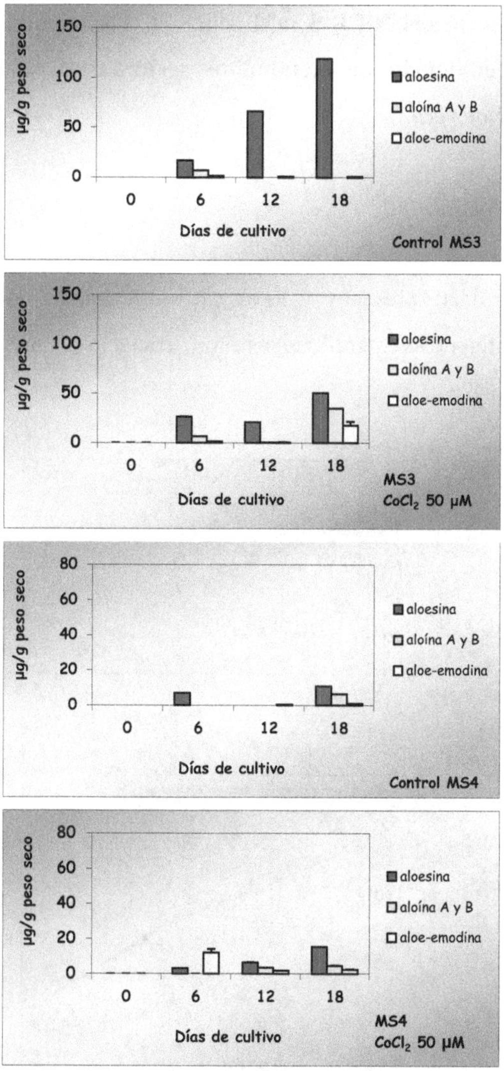

Figura 46. Efecto del $CoCl_2$ 50 µM sobre la producción de aloesina, aloína A y B y aloe-emodina en suspensiones celulares de *Aloe vera* en los medios MS3 y MS4. Se representa la media ± desviación estándar (n=3).

3.2.3. Efecto del $NiCl_2$ 5 mM sobre el crecimiento, consumo de nutrientes y contenido de metabolitos secundarios de suspensiones celulares de *Aloe vera*.

3.2.3.1. Viabilidad.

La viabilidad presentó valores altos en ambos medios; no se observaron diferencias significativas con respecto a las suspensiones control (Figura 47).

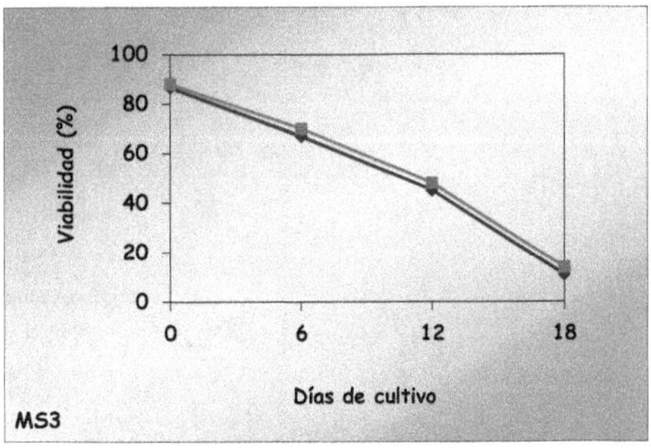

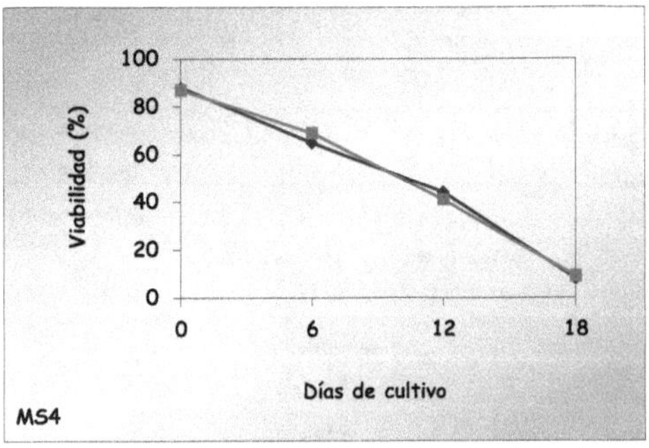

Figura 47. Efecto del $NiCl_2$ 5 mM sobre la viabilidad de las células en suspensión de *Aloe vera* en los medios MS3 y MS4. Control ♦, $NiCl_2$ 5 mM ■.

3.2.3.2. Crecimiento de las suspensiones.

En la Figura 48 están representados los incrementos (en mg/ml) en peso fresco y peso seco al añadir $NiCl_2$ 5 mM al medio de cultivo de las suspensiones celulares de *Aloe vera*, en los medios MS3 y MS4.

En ambos medios los valores de peso fresco fueron mayores que los de las suspensiones controles. En MS3, el peso fresco fue superior al observado en MS4. El incremento en peso fresco siempre fue superior en MS3; en este medio el mayor incremento se produjo hasta el día 12, con un 731% por encima de lo observado en las suspensiones sin $NiCl_2$, a partir de ese día el peso fresco comenzó a descender y empieza a estabilizarse debido a que las células entran en la fase estacionaria. Puede observarse que, en ambos medios, el mayor incremento ocurre durante la fase de mayor crecimiento de las células.

Con respecto al peso seco, puede verse que, en ambos medios, éste fue mayor que el observado en las suspensiones controles, pero, contrario a lo ocurrido con el peso fresco, el mayor incremento en el peso seco se observó en MS4, observándose que mientras en MS3 el peso seco se mantuvo constante a partir del día 6, en MS4, el peso seco aumentó hasta el día 12, probando que las células en este medio no habían consumido todos sus nutrientes.

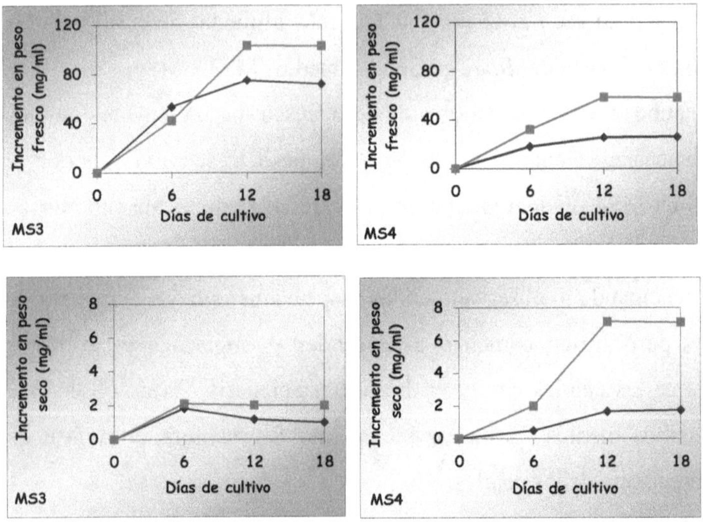

Figura 48. Efecto del $NiCl_2$ 5 mM sobre el incremento en peso fresco y peso seco de las células en suspensión de *Aloe vera* en los medios MS3 y MS4. Control ♦, $NiCl_2$ 5 mM ■

3.2.3.3. Consumo de nutrientes.

La Figura 49 muestra el consumo de azúcares que realizaron las células al añadir $NiCl_2$ 5 mM en el medio de cultivo de las suspensiones, en los medios MS3 y MS4.

Puede observarse que el consumo de azúcares totales fue más rápido en MS4 que en MS3. En MS3, al final del cultivo, el contenido de azúcares totales era aproximadamente del 70% mientras que en MS4 era casi del 50%.

Como en otras ocasiones, la sacarosa es el primer azúcar en consumirse; en MS3, su contenido descendió hasta desaparecer del medio de cultivo en el día 12 mientras que en MS4, el contenido inicial de sacarosa fue más alto que en MS3 aunque también disminuyó rápidamente hasta desaparecer el día 12.

La fructosa y la glucosa fueron consumidas de forma similar a lo largo del cultivo, los valores de glucosa fueron inferiores a los de fructosa y, en general, el contenido de estos dos azúcares en MS3 fue inferior al observado en MS4, medio donde la glucosa no mostró grandes variaciones en su contenido durante todo el cultivo. El contenido de estos dos monosacáridos disminuyó al inicio del cultivo, pero aumentó al disminuir el contenido de la sacarosa y de los azúcares totales.

Al comparar con las suspensiones controles, pudo observarse que, en ambos medios, el contenido de los azúcares en general fue más alto con $NiCl_2$ que sin éste, lo que indica que el consumo de la fuente de carbono presente en el medio de cultivo fue menor.

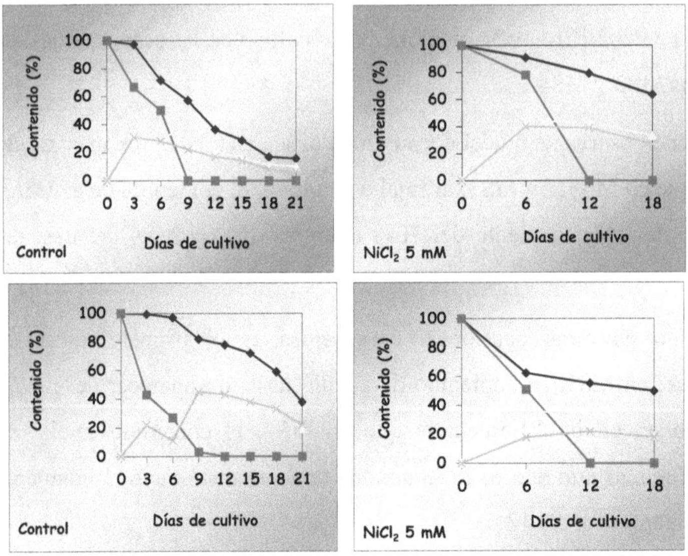

Figura 49. Efecto del $NiCl_2$ 5 mM sobre el contenido de azúcares en el medio de cultivo de las suspensiones celulares de *Aloe vera* en los medios MS3 (verde) y MS4 (azul). Azúcares totales ♦, sacarosa ■, fructosa △, glucosa ✕.

El consumo del fosfato y nitrato también es de vital importancia para el crecimiento de las células en suspensión. En la Figura 50 se representa la utilización que de estos nutrientes hicieron las células en suspensión de *Aloe vera* cuando se añadió $NiCl_2$ 5 mM al medio de cultivo.

El contenido de fosfatos en MS3 fue disminuyendo a lo largo del cultivo, en el día 6 quedaba aproximadamente 20% de fosfatos en el medio de cultivo, desapareciendo al final de éste; por el contrario, en MS4, el contenido de fosfatos se mantuvo alto en el medio a lo largo del cultivo indicando que las células en este medio consumieron el fosfato muy lentamente. En ambos medios, el contenido de fosfato fue superior al observado en las suspensiones control.

El contenido de nitratos en MS3 se mantuvo en niveles altos hasta el final del cultivo cuando disminuyó ligeramente, encontrándose casi un 60% en el día 18. En MS4, la disminución al final del cultivo fue más pronunciada que en MS3. En ambos medios el contenido de nitratos fue superior al de las suspensiones sin $NiCl_2$ 5 mM, pero entre ambos medios, el contenido fue mayor en MS3.

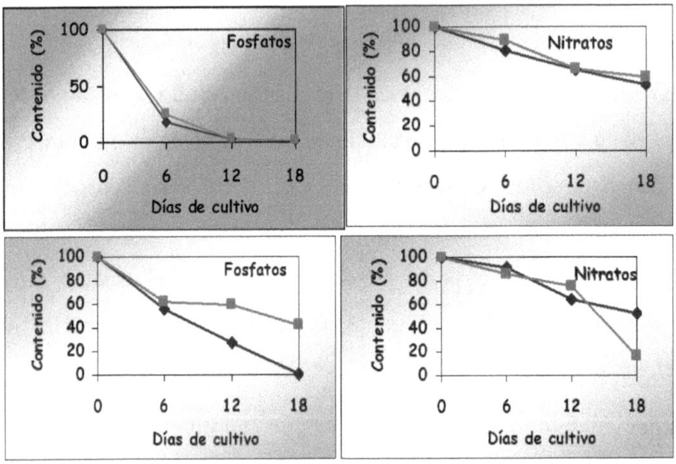

Figura 50. Efecto del $NiCl_2$ 5 mM sobre el contenido de fosfatos y nitratos en el medio de cultivo de suspensiones celulares de *Aloe vera* en los medios MS3 (verde) y MS4 (azul). Control ◆ $NiCl_2$ 5 mM ■

3.2.3.4. Efecto del $NiCl_2$ 5 mM sobre el contenido de aloesina, aloína A y B y aloe-emodina en suspensiones celulares de *Aloe vera* en los medios MS3 y MS4.

El Ni^{+2} es otro de los metales pesados que han sido utilizados en cultivos como un elicitor abiótico para incrementar el crecimiento en biomasa y la productividad. En nuestro trabajo, con la adición de $NiCl_2$ 5 mM produjo incrementos en el peso fresco y peso seco de las suspensiones en los dos medios estudiados, con respecto a los valores encontrados en las suspensiones control. Estos resultados concuerdan con los de otro estudio (Tumová et al., 2001), donde se observó que la adición de $NiCl_2$ a $4{,}2x10^{-7}$ mol L^{-1} incrementaba la producción de flavonoides (700% respecto al control) en *Ononis arvensis*.

Como se observa en la Figura 51, la adición de $NiCl_2$ 5 mM al medio de cultivo de las suspensiones celulares inhibe la producción de aloesina, ya que el contenido de este metabolito secundario fue nulo en ambos medios.

Como puede verse, la adición de $NiCl_2$ 5 mM en el medio MS3 favoreció en mayor grado la producción de aloína A y B cuya producción más alta se obtuvo en el día 6 de cultivo, con 89 µg, observándose un incremento en la producción de 1301% con respecto a las suspensiones sin $NiCl_2$ 5 mM, en el día 6 de cultivo, en las suspensiones sin $NiCl_2$ este metabolito secundario no fue detectado durante los días 12 y 18, sin embargo, con la adición de NiCl2 5 mM, durante esos días, se obtuvieron 27,84 µg y 58,52 µg, respectivamente. Por el contrario, en MS4, la producción de aloína fue muy baja.

En cuanto a la producción de aloe-emodina, cuando se añadió $NiCl_2$ 5 mM en ambos medios de cultivo, el mayor incremento en el contenido de este metabolito secundario apenas sobrepasó la producción observada en las suspensiones sin $NiCl_2$.

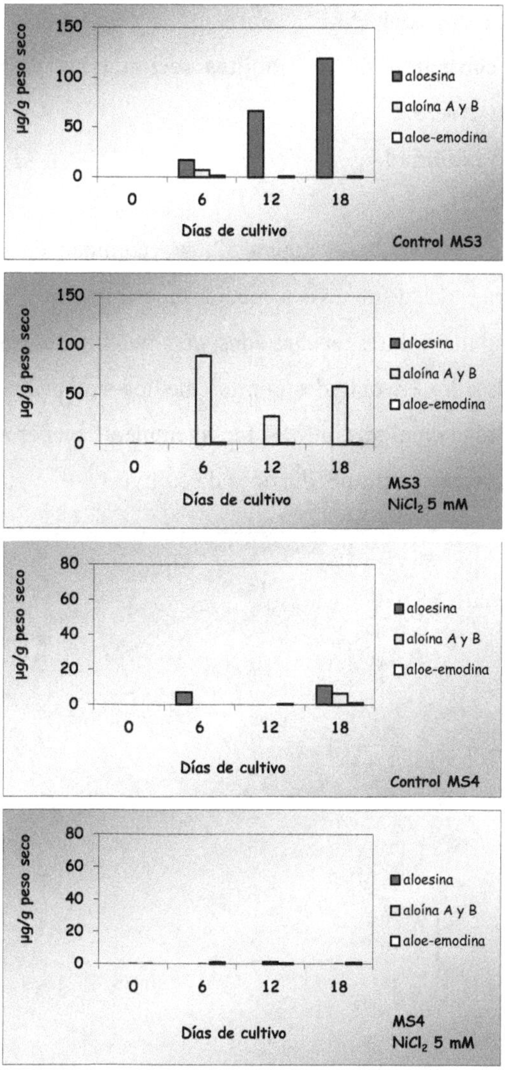

Figura 51. Efecto del $NiCl_2$ 5 mM sobre el contenido de aloesina, aloína A y B y aloe-emodina en suspensiones celulares de *Aloe vera* en los medios MS3 y MS4. Se representa la media ± desviación estándar (n=3).

3.2.4. Efecto del NaCl sobre el crecimiento, consumo de nutrientes y contenido de metabolitos secundarios en suspensiones celulares de *Aloe vera*.

3.2.4.1. Viabilidad.

Como se observa en la Figura 52, la viabilidad de las células en suspensión con NaCl disminuyó a medida que transcurrió el cultivo. En ambos medios, los valores encontrados con los tratamientos con NaCl fueron menores a los encontrados con los medios sin NaCl y en todos los casos, la viabilidad en el medio MS4 fue ligeramente menor a la del medio MS3, especialmente a partir del día doce de cultivo.

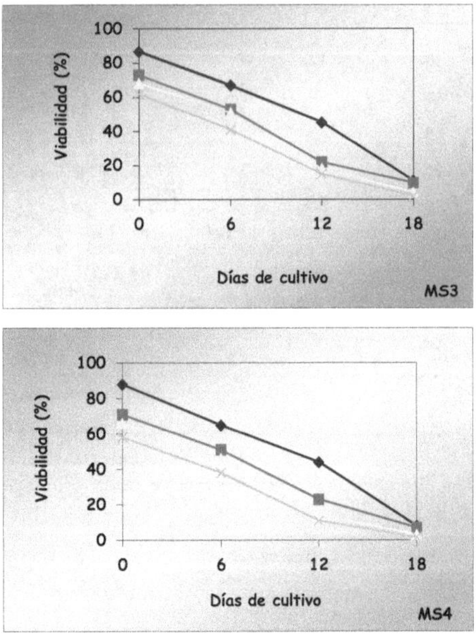

Figura 52. Efecto del NaCl 100, 200 y 300 mM sobre la viabilidad de las células en suspensión de *Aloe vera* en los medios MS3 y MS4. Control ♦, NaCl 100 mM ■ , NaCl 200 mM Δ, NaCl 300 mM X.

3.2.4.2. Crecimiento de las suspensiones.

En la Figura 53 se ha representado el incremento en peso fresco y peso seco de las células en suspensión después de añadir NaCl 100, 200 y 300 mM al medio de cultivo.

Como se observa en la Figura, en el medio MS3 el incremento más alto se obtuvo con NaCl 100 mM, el peso fresco sufrió un incremento hasta el día 12, coincidiendo con la etapa de mayor crecimiento celular y a partir de allí, se mantuvo constante hacia el final del cultivo cuando las células entraron en la fase estacionaria. Con NaCl 200 y 300 mM, el incremento en peso fresco fue menor al observado con NaCl 100 mM y en todos los casos, los incrementos fueron menores a los de las suspensiones control.

En MS4, los mayores incrementos en peso fresco se observaron con NaCl 100 y 300 mM, sobre todo a partir del día 6, encontrándose que, durante el día 12, los pesos frescos fueron 205% y 229% de los encontrados en las suspensiones sin NaCl en ese mismo día. En general, se puede ver que los incrementos en MS4 fueron mayores a los de MS3, superando a los observados en las suspensiones controles.

Con respecto al peso seco, en MS3, con la adición de NaCl 100 mM, los pesos secos aumentan entre 1,5 y 2 veces por encima de los encontrados en las suspensiones controles durante los días 6 y 12. En MS4, con NaCl 100 mM, el peso seco aumentó 7,5 veces por encima de las suspensiones sin NaCl en el día 6 mientras que con NaCl 300 mM, en el día 6, se observó un incremento del 100% con respecto al control.

Como se ha podido observar, la adición de NaCl al medio de cultivo ha provocado una disminución del peso fresco y, al mismo tiempo, un aumento del peso seco, lo que hace suponer que existe un estrés hídrico que disminuye el potencial hídrico del medio de cultivo provocando que las células no puedan tomar agua.

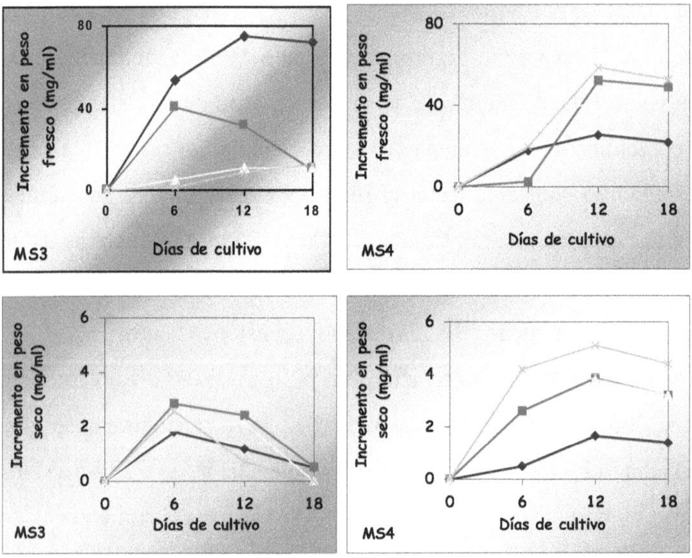

Figura 53. Efecto del NaCl 100, 200 y 300 mM sobre el incremento en peso fresco y peso seco de las células en suspensión de *Aloe vera* en los medios MS3 y MS4. Control ♦, NaCl 100 mM ■, NaCl 200 mM △, NaCl 300 mM ×.

3.2.4.3. Consumo de nutrientes.

En la Figura 54 se muestra cómo fue el consumo de la fuente de carbono por parte de las células en suspensión al añadir NaCl 100, 200 y 300 mM al medio de cultivo, en los medios MS3 (2,4-D/BA) y MS4 (2,4-D/kinetina).

Puede observarse que con las tres concentraciones de NaCl en el medio MS3, el contenido de azúcares fue disminuyendo a medida que transcurría el cultivo. El consumo de azúcares totales fue más rápido con NaCl 100 mM y 200 mM, al compararlas con las suspensiones sin NaCl; sin embargo, en presencia de NaCl 300 mM, las células consumieron los azúcares de manera muy lenta, de forma que en el día 18 aún se encontró un 40% del total. En cambio, los porcentajes de sacarosa, fructosa y glucosa fueron mayores en las suspensiones con NaCl que sin este compuesto, sí coinciden en que la sacarosa se consume rápidamente desapareciendo completamente el día 12. Igualmente, el valor de glucosa siempre fue menor al de la fructosa, como ocurre también en las suspensiones controles.

Comparando las gráficas de la Figura 54, se observa que en general, el consumo de los azúcares fue más rápido con NaCl 100 mM, mientras que con NaCl 200 mM y 300 mM, fue inferior. Una vez más, el mayor consumo de azúcares ocurre durante los primeros días del cultivo, coincidiendo con las etapas de mayor crecimiento de las células.

En MS4 el consumo de azúcares fue más rápido que en MS3; especialmente con NaCl 100 mM, mientras que en presencia de 200 mM y 300 mM, el consumo fue menor. En presencia de NaCl 200 mM, el contenido de azúcares totales disminuye hasta 30% durante los primeros seis días de cultivo, mientras que con 300 mM se mantienen altos durante todo el cultivo. Tanto en NaCl 200 mM como en NaCl 300 mM, los valores de sacarosa, fructosa y glucosa se mantuvieron muy similares a los de MS3. En cambio, con respecto a las suspensiones controles, el contenido de azúcares totales fue más alto con NaCl 300 mM mientras que con NaCl 100 mM y 200 mM fueron menores. Los contenidos de sacarosa, fructosa y glucosa fueron menores con respecto a los controles.

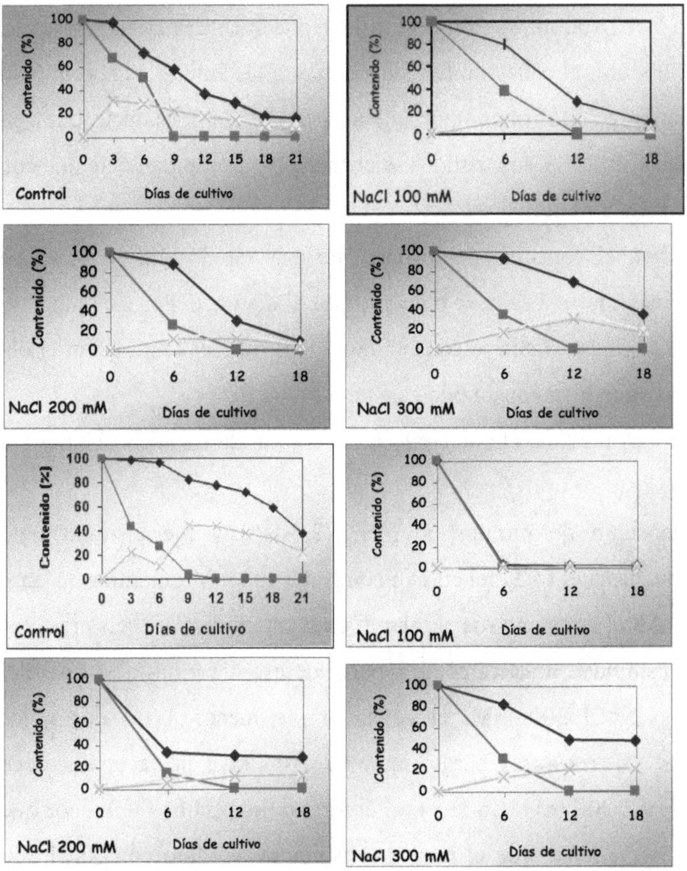

Figura 54. Efecto del NaCl 100, 200 y 300 mM sobre el contenido de azúcares en el medio de cultivo de las suspensiones celulares de *Aloe vera* en los medios MS3 (verde) y MS4 (azul). Azúcares totales ♦, sacarosa ■, fructosa Δ, glucosa X.

En la Figura 55 puede verse que, en el medio MS3, el consumo de fosfato con NaCl 100 mM y 200 mM, fue prácticamente igual mientras que con NaCl 300 mM, el consumo fue muy similar a los anteriores al principio y luego disminuyó de forma importante a partir del día 6; es decir, que con NaCl 300 mM, en MS3, los fosfatos se consumen más rápidamente que con NaCl 100 mM y 200 mM.

En MS4, el consumo de fosfatos fue más rápido que en MS3; de hecho, el contenido casi se hace nulo al llegar al día doce. Por ejemplo, con NaCl 100 mM, los fosfatos se consumieron de forma más rápida, en el día 6, las células ya habían consumido casi un 60%.

En ambos medios, el contenido fue menor al de las suspensiones sin NaCl.

El consumo de nitratos en MS3 (2,4-D/BA) fue disminuyendo gradualmente hasta el final del cultivo con NaCl 100 mM, mientras que con NaCl 200 mM, el consumo fue similar al caso anterior en los seis primeros días, pero disminuye drásticamente a partir de ese día y hasta el final del cultivo. Con NaCl 300 mM, el consumo fue menor a los dos casos anteriores al inicio, sin embargo, también disminuye hacia el día doce como con NaCl 200 mM. En MS4, el consumo de nitratos fue menor que en MS3, observándose que el mayor consumo se produjo con NaCl 300 mM, encontrándose aproximadamente un 5% en el día 18.

En ambos medios, el contenido de nitratos fue menor con respecto a las suspensiones sin NaCl.

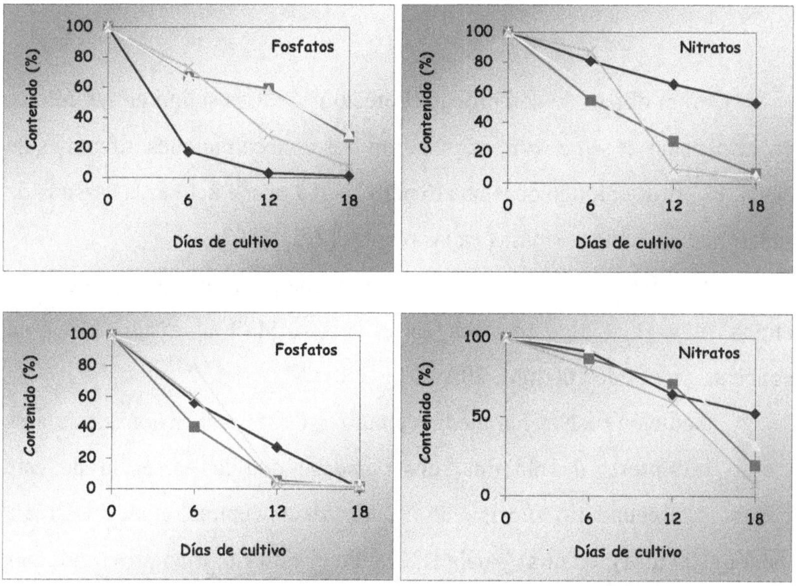

Figura 55. Efecto del NaCl 100 mM, 200 mM y 300 mM sobre el contenido de fosfatos y nitratos en el medio de cultivo de las suspensiones celulares de *Aloe vera* en los medios MS3 (verde) y MS4 (azul). Control ♦, NaCl 100 mM ■, NaCl 200 mM △, NaCl 300 mM X.

3.2.4.4. Efecto de diferentes concentraciones de NaCl sobre la producción de aloesina, aloína A y B y aloe-emodina en suspensiones celulares de *Aloe vera* en los medios MS3 y MS4.

Con el objeto de comprobar el efecto del estrés salino en las células en suspensión de *Aloe vera*, se probaron tres concentraciones diferentes de NaCl. El estrés abiótico ocasionado por el NaCl puede activar la cascada de señales de las protein kinasas en las plantas (Zhu, 2002).

En la Figura 56 se encuentra representada la producción de aloesina, aloína A y B y aloe-emodina en el medio MS3 al añadir NaCl en concentraciones de 100 mM, 200 mM y 300 mM.

La adición de NaCl al medio de cultivo de las suspensiones celulares indujo la síntesis de aloesina, observándose que la presencia de este metabolito secundario fue mayor cuando la concentración de NaCl era menor (100 mM); en otras palabras, cuando el estrés hídrico provocado por el NaCl era menor, la producción de aloesina sufrió un incremento del 790% con respecto a las suspensiones sin NaCl en este mismo medio.

Por otra parte, la síntesis de aloína A y B sólo se detectó en el medio suplementado con una concentración moderada de 200 mM de NaCl, con 132,916 μg/g de peso seco, observándose, además, que cuando en el medio había presencia de aloína A y B, con NaCl 200 mM, la producción de aloe-emodina, producto de la oxidación de la aloína, se incrementó un 646% sobre el valor de las suspensiones sin NaCl.

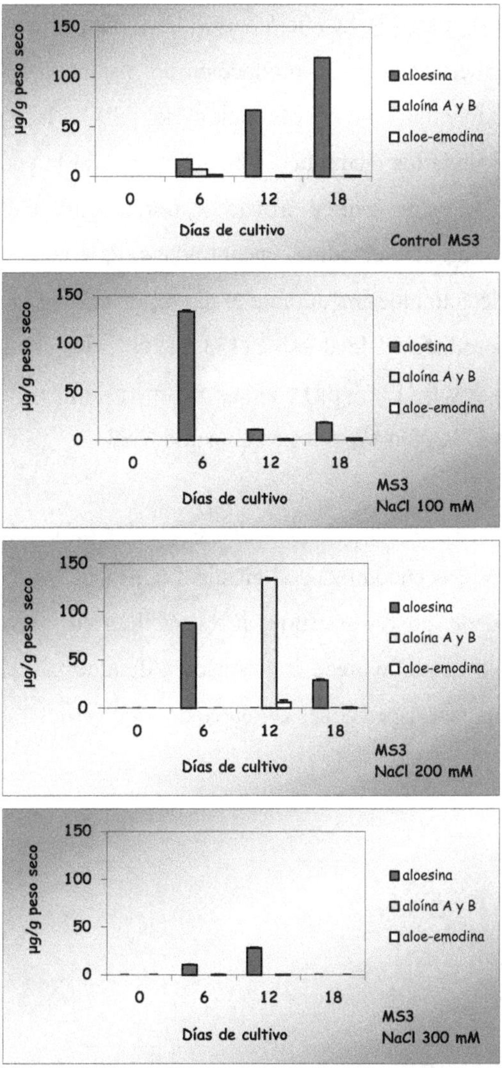

Figura 56. Efecto de diferentes concentraciones de NaCl sobre la producción de aloesina, aloína A y B y aloe-emodina en suspensiones celulares de *Aloe vera* en el medio MS3. Se representa la media ± desviación estándar (n=3).

En MS4 (Figura 57), la adición de NaCl al medio de cultivo provocó un descenso generalizado en la producción de metabolitos secundarios; a medida que aumentaba la concentración del NaCl, la síntesis de los compuestos secundarios disminuía. De hecho, cuando la concentración de NaCl aumentó, el estrés hídrico provocado por éste, inhibió la síntesis de aloína A y B y de aloe-emodina, encontrándose que con NaCl 300 mM, solamente se detectó aloesina durante el día 12 de cultivo, sin embargo, es de destacar la producción de aloesina (133 μg) obtenida con NaCl 100 mM y las de aloína A y B (132,9 μg) y aloe-emodina (5,9 μg), encontradas con la adición de NaCl 200 mM, todas en el medio MS3.

Tomando en cuenta los resultados obtenidos en plantas silvestres y comparando con los encontrados al añadir $CaCl_2$, $CoCl_2$ y $NiCl_2$ al medio de cultivo, puede observarse que el estrés hídrico provocado por la presencia de NaCl, no favorece la producción de aloesina, aloína A y B y aloe-emodina en las suspensiones celulares de *Aloe vera*.

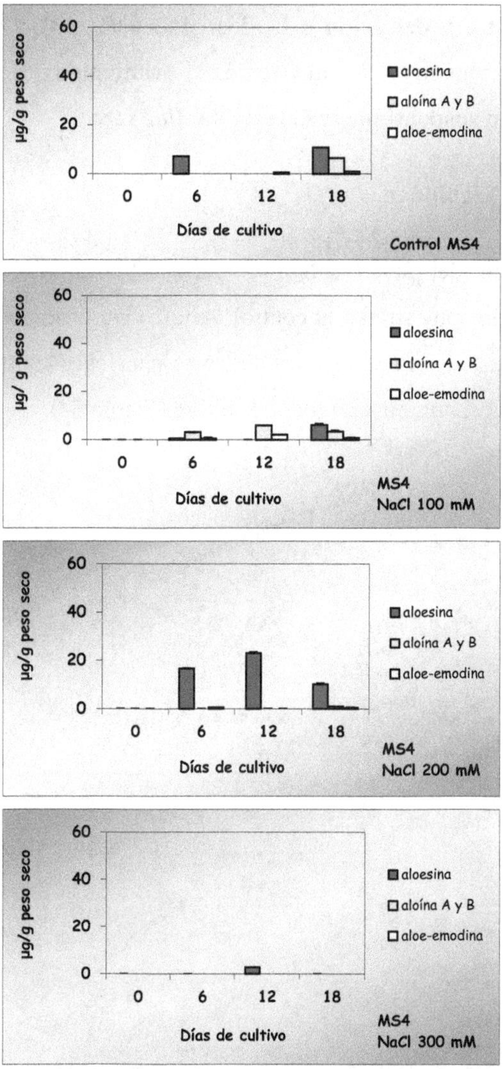

Figura 57. Efecto de diferentes concentraciones de NaCl sobre la producción de aloesina, aloína A y B y aloe-emodina en suspensiones celulares de *Aloe vera* en el medio MS4. Se representa la media ± desviación estándar (n=3)

3.2.5. Efecto del ácido salicílico (AS) 0,01 mM y 1 mM en el crecimiento, consumo de nutrientes y contenido de metabolitos secundarios en suspensiones celulares de *Aloe vera*.

3.2.5.1. Viabilidad.

El efecto del ácido salicílico (AS) sobre la viabilidad de las suspensiones fue muy similar al control. Así, la viabilidad obtenida con AS fue alta, siendo muy similares a las de las suspensiones controles mientras en ambos medios, durante casi todo el cultivo (Figura 58).

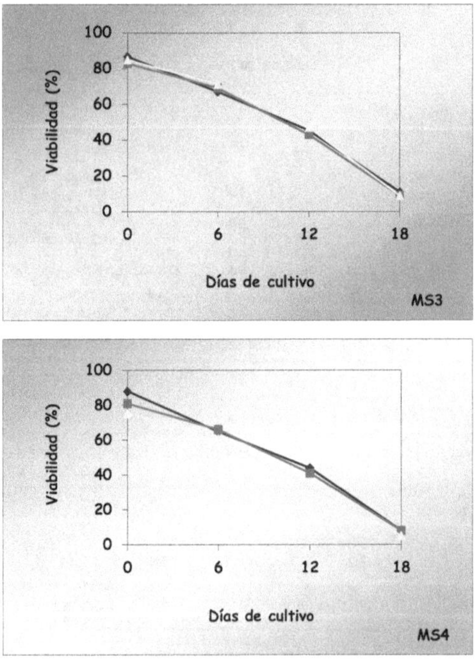

Figura 58. Efecto del ácido salicílico (AS) sobre la viabilidad de células en suspensión de *Aloe vera* en los medios MS3 y MS4. Control ♦, AS 0,01 mM ■, AS 1 mM △.

3.2.5.2. Crecimiento de las suspensiones.

Además de los iones metálicos, el ácido salicílico (AS) también puede comportarse en algunas ocasiones, como un elicitor abiótico, interviniendo en el mecanismo de defensa de las células (Reymond y Farmer, 1998, en Rao Uppalapati et al., 2004), por ello, se valoró el efecto que el AS tenía sobre las suspensiones celulares en los medios MS3 y MS4.

En la Figura 59 se representa el incremento en peso fresco y peso seco que sufrieron las células en suspensión cuando el medio de cultivo se suplementó con AS 0,01 mM y 1 mM.

Como puede verse en la Figura, la adición de AS, en general, provocó que el incremento en peso fresco fuese menor al encontrado en las suspensiones control. El incremento en peso fresco fue mayor en MS3; especialmente con AS 0,01 mM, aunque en MS4, la acumulación de peso fresco fue más lenta al inicio del cultivo. En ambos medios, el peso fresco tiende a hacerse constante al final del cultivo, cuando las células entran en la fase estacionaria, lo que coincidió también con la disminución de la viabilidad celular.

En cuanto al peso seco, en general, el incremento en MS3 fue más alto con AS 1 mM, siendo casi el doble del observado en las suspensiones sin AS (suspensiones controles) en el día 12, mientras que en MS4 los mayores incrementos se encontraron con AS 0,01 mM. En MS4, con AS 1 mM, se observó que aunque el peso fresco de las células en suspensión era mayor, apenas existió variación en el peso seco a lo largo del cultivo, indicando que las células habían tomado más agua que las que se encontraban en medio con AS 0,01 mM.

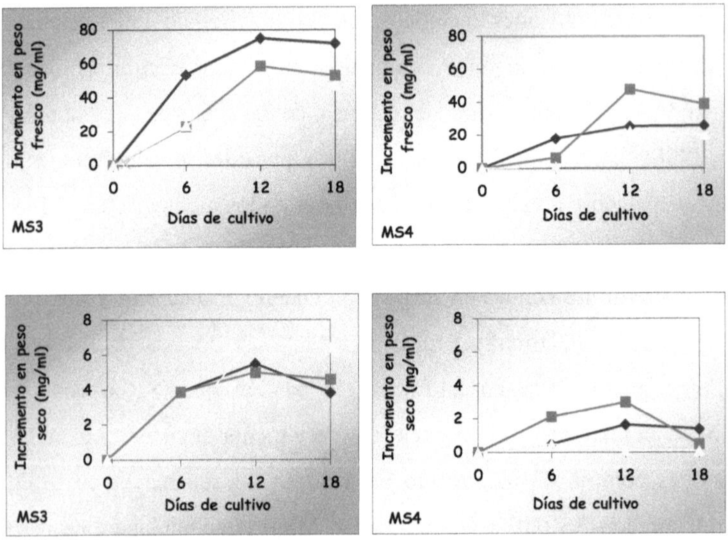

Figura 59. Efecto del ácido salicílico (AS) sobre el incremento en peso fresco de células en suspensión de *Aloe vera* en los medios MS3 y MS4. Control ♦, AS 0,01 mM ■, AS 1 mM △.

3.2.5.3. Consumo de nutrientes.

Con la adición de AS al medio de cultivo de las suspensiones celulares (Figura 60), el consumo de la fuente de carbono por las células en ambos medios fue menor que el observado en las suspensiones controles. El consumo de azúcares, en general, siguió un comportamiento muy similar con ambas concentraciones de AS y en ambos casos fueron superiores a las suspensiones sin AS.

En MS3, el consumo de azúcares totales fue muy semejante con las dos concentraciones de AS, observándose que, en ambos casos, al final del cultivo se encontraba todavía aproximadamente un 50% de azúcares totales. La sacarosa en ambas concentraciones desapareció el día 12, presentándose un comportamiento similar al visto en los controles, siendo consumida rápidamente con ambas concentraciones de AS. Por su parte, la fructosa y glucosa fueron consumidas de una forma muy semejante con las dos concentraciones de AS, sin embargo, con AS 1 mM el contenido de estos dos azúcares fue ligeramente superior.

En MS4, el consumo de azúcares totales fue mucho más rápido con AS 0,01 mM que con 1 mM, encontrándose apenas un 3% al final del cultivo. Mientras que con AS 1 mM, en el día 18 de cultivo, las células sólo habían consumido aproximadamente un 40% de estos azúcares. El contenido de sacarosa fue mayor que en MS3 y que en las suspensiones controles, su consumo fue muy semejante con ambas concentraciones de AS y la fructosa y glucosa se consumieron de forma más rápida en AS 0,01 mM.

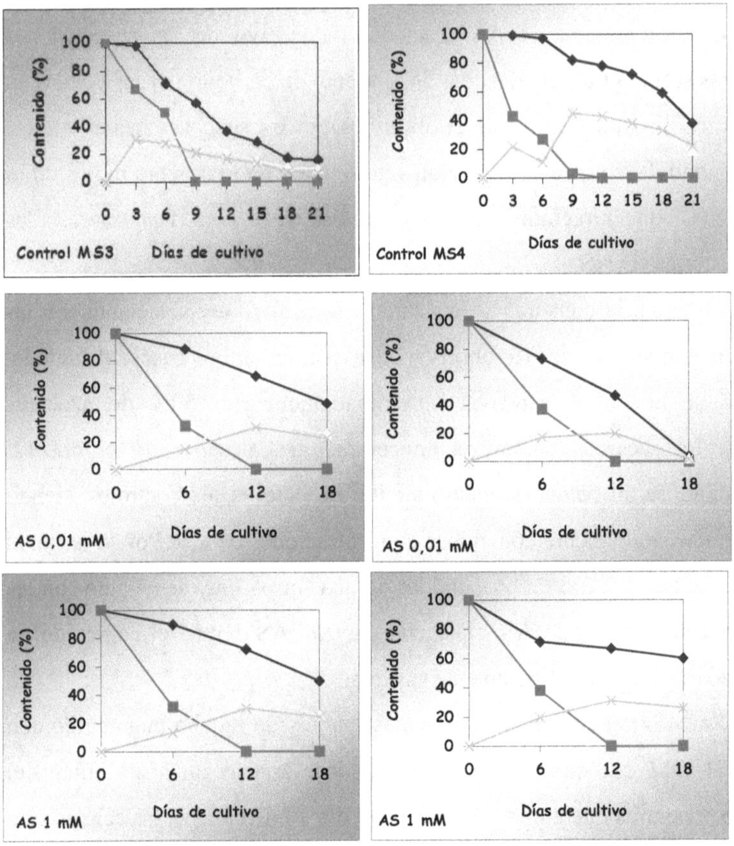

Figura 60. Efecto del ácido salicílico (AS) 0,01 mM y 1 mM sobre el contenido de azúcares en el medio de cultivo de las suspensiones celulares de *Aloe vera* en los medios MS3 (verde) y MS4 (azul). Azúcares totales♦ , sacarosa ■, fructosa △, glucosa ×.

En la Figura 61 se muestra el consumo del fosfato y del nitrato presentes en el medio de cultivo de las suspensiones celulares en los medios MS3 y MS4.

Como se observa, en MS3, con las dos concentraciones de AS, en el día 6 las células habían consumido prácticamente más del 50% del fosfato presente en el medio de cultivo. El consumo de nitratos fue bastante parecido entre ambas concentraciones de AS, encontrándose casi un 60% en el día 18 del cultivo, además, el consumo fue muy parecido al observado en las suspensiones sin AS.

En MS4, el consumo de fosfatos con AS 1 mM fue muy semejante al observado en MS3, no así con AS 0,01 mM, encontrándose casi un 50% de fosfatos en el día 18 del cultivo. En cuanto al contenido de nitratos, éste fue mayor en AS 0,01 mM con respecto a AS 1 mM, lo que significa que el consumo fue más rápido en AS 1 mM.

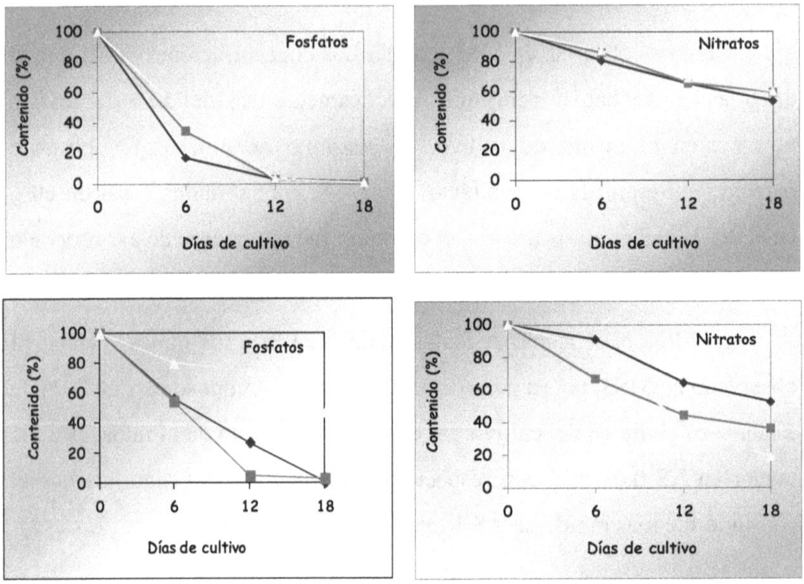

Figura 61. Efecto del ácido salicílico (AS) 0,01 mM y 1 mM sobre el contenido de fosfatos y nitratos en el medio de cultivo de las suspensiones celulares de *Aloe vera* en los medios MS3 (verde) y MS4 (azul). Control ♦, AS 0,01 mM ■, AS 1 mM .△

3.2.5.4. Efecto del ácido salicílico (AS) 0,01 mM y 1 mM sobre el contenido de aloesina, aloína A y B y aloe-emodina en suspensiones celulares de *Aloe vera* en los medios MS3 y MS4.

En la Figura 62 se muestra la producción de aloesina, aloína A y B y aloe-emodina en el medio MS3 al añadir AS 0,01 mM y 1 mM. Como se observa, en presencia de AS, las suspensiones celulares sintetizaron metabolitos secundarios cuando ya las células se encontraban en la fase estacionaria de crecimiento.

Puede observarse que con AS 0,01 mM, la producción de aloesina apenas alcanzó un 30% de lo obtenido en las suspensiones sin AS, en el día 18 mientras que, en el caso de la aloína, se obtuvo 23,474 µg por gramo de peso seco y en las suspensiones controles este metabolito secundario no fue detectado durante ese día. Por su parte, la producción de aloe-emodina se incrementó 154% y 152% con respecto a las suspensiones sin AS durante los días 6 y 12.

Cuando se añadió AS 1 mM, la producción más alta de aloesina fue 17,6 µg, es decir, solamente un 27% de lo obtenido en las suspensiones controles y no fue detectada en el día 18. En cambio, la producción de aloína Ay B aumentó con respecto a lo observado con AS 0,01 mM, puesto que en las suspensiones sin AS, este metabolito secundario no fue detectado durante los días 12 y 18, mientras que con AS 1 mM, se pudo obtener 20,65 µg y 9,766 µg durante los días 6 y 12, respectivamente. La producción de aloe-emodina también se vio incrementada especialmente en el día 18 de cultivo que con AS 0,01 mM se obtuvo un 59%.

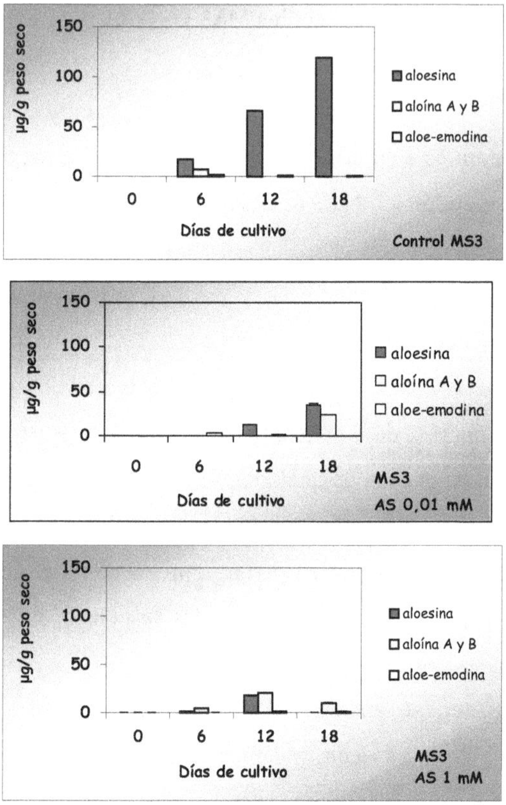

Figura 62. Efecto del ácido salicílico (AS) 0,01 mM y 1 mM sobre la producción de aloesina, aloína A y B y aloe-emodina en suspensiones celulares de *Aloe vera* en el medio MS3. Se representa la media ± desviación estándar (n=3).

Cuando se añadió AS al medio MS4 (Figura 63), pudo observarse que la producción de estos tres metabolitos secundarios fue menor a la obtenida con el medio MS3. En las suspensiones de MS4 sin AS, la aloesina no fue detectada durante el día 12, sin embargo, con AS 0,01 mM, la producción de este compuesto fue de 7,6 μg y en el día 18, la producción fue de 105% con respecto a las suspensiones controles. La producción máxima de aloína A y B, se encontró en el día 12 del cultivo, siendo solamente 62% de lo observado en las suspensiones sin AS y con respecto a la producción de aloe-emodina, este compuesto fue detectado durante casi todo el cultivo, alcanzando un 84% de lo obtenido en las suspensiones controles.

Con AS 1 mM, la producción de aloesina y aloína, en general, disminuyó con respecto a lo obtenido con AS 0,01 mM. En cambio, la producción máxima de aloe-emodina alcanzada fue de un 111% superior en el día 12.

Comparando con los resultados de las hojas plantas silvestres, de yemas y de callos, pudo verse que la producción en las suspensiones celulares al adicionar AS en concentraciones de 0,01 mM y 1 mM, fue menor.

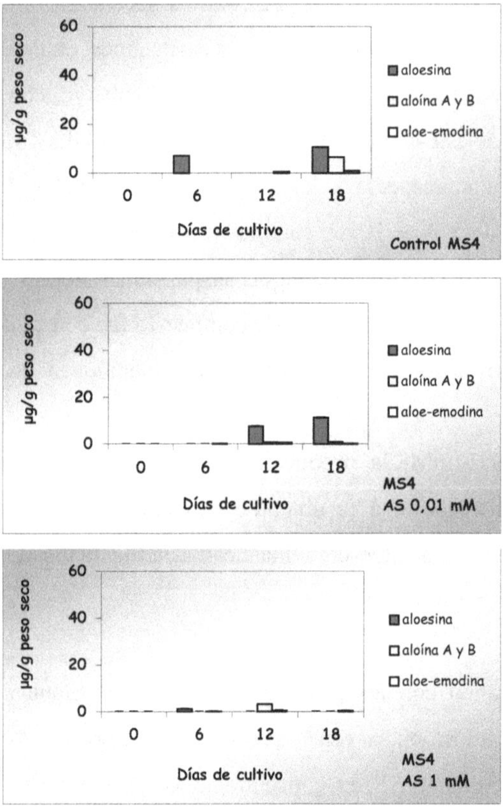

Figura 63. Efecto del ácido salicílico (AS) 0,01 mM y 1 mM sobre la producción de aloesina, aloína A y B y aloe-emodina en suspensiones celulares de *Aloe vera* en el medio MS4. Se representa la media ± desviación estándar (n=3).

V. DISCUSIÓN

1. MICROPROPAGACIÓN *IN VITRO* DE *Aloe vera.*

En este trabajo se han desarrollado varios protocolos de propagación *in vitro* de *Aloe vera* a partir de diferentes explantos. Se ha descrito uno para la multiplicación de yemas apicales utilizando ANA y kinetina que permitió obtener muy buenas tasas de multiplicación y consecuentemente, gran cantidad de material *in vitro*. Por otra parte, se desarrolló un protocolo de propagación indirecta a partir de los callos formados en la base de las yemas apicales y también se ha estudiado el potencial callogénico en esta planta utilizando explantos de hojas jóvenes de plantas silvestres.

Así mismo, se ha determinado y cuantificado la variación en la producción de metabolitos secundarios por parte de los distintos materiales biológicos obtenidos *in vitro* comparándolo con el contenido de los mismos compuestos en plantas silvestres de *A. vera*.

Como ya se ha mencionado, el cultivo *in vitro* en especies del género *Aloe* es muy difícil debido al alto contenido de compuestos fenólicos que presentan las plantas de este género, ya que dichos compuestos no sólo ennegrecen el medio sino que inhiben el establecimiento de cultivos primarios. Por ello, se realizaron pruebas con el fin de contrarrestar la oxidación del medio de cultivo producida por la presencia de compuestos fenólicos.

Otro de los factores físicos importantes para el establecimiento de cultivos de tejidos fue el fotoperiodo. En este trabajo, las yemas de *Aloe vera* colocadas en fotoperiodo de 12 h presentaron tasas de multiplicación superiores a aquellas con fotoperiodo de 16 h. Con fotoperiodo de 12 h, el número medio de nuevas yemas fue de 3,4 mientras que con fotoperiodo de 16 h la tasa de multiplicación máxima fue 2,3. Otros autores han realizado estudios para observar el efecto del fotoperiodo en los cultivos. Tsuro et al. (2000) usaron luz continua para optimizar la multiplicación de yemas en *Lavandula vera*. En *Aloe vera* se ha utilizado luz continua para aumentarla tasa de multiplicación a partir de cultivos de meristemos (Natali et al., 1990). Kintzios y Taravira (1997) observaron que los cultivos de *Cucumis melo* se comportaban de forma distinta al ser incubados bajo diferentes condiciones de luz. En nuestro caso, según los resultados presentados aquí, en *A. vera*, el fotoperiodo influye de manera importante en la tasa de multiplicación ya que con fotoperiodo de 12 h las tasas de multiplicación fueron más favorables que con fotoperiodo de 16 h de luz y 8 h de oscuridad (Figura 5).

Así mismo, para promover la multiplicación de yemas nuevas se utilizaron diferentes combinaciones de reguladores del crecimiento. En todos los casos, las yemas comenzaron a multiplicar desde el primer subcultivo, posteriormente, las tasas de multiplicación disminuían con el tiempo, debido, probablemente, a varios factores como mutaciones o pérdida de constituyentes endógenos, hormonales o tróficos (Margara, 1988) que provocan que la capacidad de multiplicación de los explantos disminuya.

En nuestro caso, los mejores resultados se observaron al combinar ANA con kinetina. En el medio MS11, suplementado con $5,37x10^{-7}$ M de ANA y $2,32x10^{-5}$ M de kinetina, la tasa máxima de multiplicación fue de 4,8 yemas nuevas, sin embargo, al aumentar la concentración a $2,69x10^{-6}$ M de ANA en MS12, manteniendo la misma concentración de Kinetina, la tasa de multiplicación casi se duplicó, por lo que una concentración 1:10 de auxina/citoquinina resultó óptima para la multiplicación (Figura 9). Meyer y van Staden (1991), también obtuvieron altas tasas de multiplicación utilizando medio Murashige y Skoog suplementado con $4{,}8x10^{-6}$ M de ANA aunque sin añadir citoquinina. También, Zeng y Peng (2000) utilizaron $1{,}07x10^{-6}$ M de ANA y BA como citoquinina en concentración de $1{,}33x10^{-5}$ M en el medio Murashige y Skoog para la obtención de yemas en *Aloe arborescens*. Otros autores también han utilizado la combinación ANA/BA para micropropagar plantas del género *Aloe* (Abrie y van Staden, 2001; Liao et al., 2004).

Otros autores (Groenewald et al., 1975; Natali et al., 1990; Roy y Sarkar, 1991) han obtenido tasas de multiplicación más altas utilizando la combinación 2,4-D más kinetina. En los ensayos llevados a cabo con los medios utilizando 2,4-D como auxina, el medio que resultó más efectivo para la multiplicación de yemas fue el MS4 con $2{,}26x10^{-6}$ M de 2,4-D y $4{,}65x10^{-7}$ M de kinetina, seguido del medio MS3 que contenía $4{,}52x10^{-6}$ M de 2,4-D y $2{,}22x10^{-5}$ M de BA (Figura 7). Iguales resultados obtuvieron Natali et al. (1990), quienes afirmaron que la micropropagación en *Aloe vera* se consigue fácilmente mediante el cultivo de explantos en medio con 2,4-D más kinetina, mientras que cuando usaron 2,4-D más BA, observaron ennegrecimiento de los cultivos y formación de callos.

Los resultados obtenidos en este trabajo demuestran que es necesaria la presencia de auxinas y citoquininas para que tenga lugar una mayor proliferación de las yemas y que la combinación de ANA y kinetina fue mejor que la de 2,4-D y kinetina para inducir la multiplicación de yemas en *A. vera*.

En cuanto a las longitudes de las yemas nuevas, en los medios MS11 y MS12, se encontró que al aumentar la concentración de ANA disminuye ligeramente la longitud de las yemas obtenidas, igual ocurre con los medios

MS8, MS9 y MS10, al aumentar la concentración de 2,4-D disminuye la longitud de las nuevas yemas. Sin embargo, las longitudes máximas se encontraron en el medio MS0, que no contiene hormonas, pero esto pudo deberse a que en este medio se desarrolló menor número de yemas (Figura 6).

En todos los medios estudiados se observó la existencia de una relación entre la tasa de multiplicación y la longitud de las yemas obtenidas, ya que, en general, al aumentar la tasa de multiplicación también aumentaba la longitud de las yemas nuevas y al bajar ésta, disminuía el tamaño.

En general, se observó una tendencia descendente en la tasa y en la longitud de las yemas nuevas a medida que se sucedían los subcultivos, independientemente del medio de cultivo usado, debido, probablemente, al descenso de la capacidad de multiplicación de los cultivos (George, 1993). Iguales resultados se han encontrado en otros estudios realizados en este laboratorio con dos cultivares masculinos de kiwi (Grueiro, 2001) y con abedul (Rey, 2002).

Con respecto al enraizamiento y a la aclimatación de las yemas obtenidas, éstas se llevaron a cabo con éxito en todos los medios usados en este estudio (Figura 11). Se sabe que la capacidad de enraizamiento depende de la interacción de complejos factores externos e internos (Hyndman et al., 1982). También existe la creencia de que las raíces originadas *in vitro* no son funcionales y mueren rápidamente, sin embargo, en este trabajo se logró el enraizamiento de plantas *in vitro*, de hecho, la mayoría de las plantas, en todos los medios usados, formaron raíces, por lo que no fue necesario el uso de reguladores para inducir el enraizamiento.

Iguales resultados han sido descritos por Natali et al. (1990) en *A. vera* y por Skirvin y Chu (1979) en diferentes cultivares de rosa. La funcionalidad de las raíces quedó demostrada con la supervivencia de las plantas al ser sometidas a aclimatación.

Igualmente, se demostró que la capacidad de las plantas de *Aloe vera* para resistir el proceso de aclimatación depende del fotoperiodo, ya que las plantas que multiplicaron bajo fotoperiodo de 12 h de luz presentaron un 71% de supervivencia en invernadero mientras que aquellas que se multiplicaron en cámara con fotoperiodo de 16 h luz, mostraron sólo un 50% de supervivencia.

No se logró el establecimiento de plantas en el exterior, ya que *Aloe vera* es una planta de clima tropical que no resiste las heladas, parece ser que el modo en el cual el aloe se propaga en la naturaleza ha provocado una reducción en su variabilidad genética, lo que representa una desventaja para afrontar cambios ambientales (Natali et al., 1990).

La adición de sustancias reguladoras del crecimiento no es imprescindible para la obtención de callos, pero fue necesaria para el crecimiento y mantenimiento de los mismos, así como para inducir respuestas morfogenéticas (Smart y Fowler, 1984; Vasil, 1985). Esto se comprobó cuando se inició la siguiente parte de nuestro trabajo, que consistió en cultivar explantos de hojas jóvenes de plantas silvestres de *Aloe vera* en medio Murashige y Skoog (Tabla 5). Cuando los explantos se cultivaron en MS sin añadir hormonas; la formación de callos fue muy escasa (3%), los callos eran pequeños y no sobrevivieron más de dos subcultivos.

Por el contrario, cuando el medio se suplementó con auxinas o citoquininas, se promovió la formación de callo a las cuatro semanas de cultivo, dependiendo de la concentración de las hormonas. Cuando se añadieron auxinas solas, los mejores resultados se obtuvieron con AIA, observándose un 40% de formación de callos con una concentración de $1,14x10^{-5}$ M. Estos resultados están de acuerdo con los presentados por Meyer y van Staden (1991) aunque estos autores observaron formación de callo en *A. vera* utilizando segmentos nodales como explanto y 5 μM de AIA.

Cuando los explantos se cultivaron con citoquininas solas, los mejores resultados se obtuvieron con BA, observándose un 17% de formación de callo con una concentración de $4,4x10^{-6}$ M, mientras que con kinetina el porcentaje máximo fue del 5% con una concentración de $4,52x10^{-7}$ M de dicha hormona. Resultados similares se obtuvieron en estudios de embriones somáticos de yuca (*Manihot esculenta* Crantz), donde se observó que las citoquininas inducían organogénesis, especialmente la BA (Guohua, 1998). De hecho, algunos autores propusieron una acción directa del BA en la inducción callogénica (Centeno et al., 1998; Feito et al., 1995), mientras que otros (Kuiper et al., 1989) apuntaron a un efecto indirecto al incrementar las concentraciones de las citoquininas naturales.

En el presente trabajo, tanto con BA como con kinetina, se observó ennegrecimiento de los explantos. Estos resultados concuerdan con los descritos por Natali et al. (1990), quienes afirmaron que el uso de BA y Kin causaba ennegrecimiento de los explantos por la oxidación de los compuestos fenólicos presentes en las hojas de esta planta.

Al añadir conjuntamente auxinas y citoquininas al medio de cultivo, los resultados dependieron de la concentración y tipo de combinación auxina/citoquinina empleada (Tabla 5).

Las mejores respuestas se obtuvieron con la combinación 2,4-D y BA donde los porcentajes de callogénesis fueron superiores a aquellos obtenidos con 2,4-D y Kin en la mayoría de las combinaciones probadas. La mejor combinación fue $4{,}52x10^{-6}$ M de 2,4-D y $8{,}8x10^{-6}$ M de BA.

La formación de callo en explantos de hojas silvestres de *A. vera* se vio favorecida en la mayoría de los medios que contenían una alta concentración de auxina combinada con citoquinina y la combinación más efectiva para inducir callos fue la formada 2,4-D/BA, como se ha descrito en otros estudios (Natali et al., 1990).

Estos callos no presentaron capacidad organogénica, debido, quizás, al difícil establecimiento de los cultivos por la elevada cantidad de compuestos fenólicos presentes en las hojas de *A. vera*.

En cuanto a la morfología de los callos, específicamente en el color, se observaron variaciones al cambiar las concentraciones de 2,4-D en el medio (Figura 22). A medida que se incrementaba la concentración de 2,4-D, los callos se tornaron de color blanquecino, lo que se explica por el hecho de que el 2,4-D es un inhibidor de la síntesis de clorofila (George, 1993).

La morfología general de los callos fue variable, dependiendo de las concentraciones hormonales utilizadas.

Sin embargo, cuando se analizó el número de yemas formadas por cada callo, se observó que la mejor combinación fue 2,4-D/BA, en concentraciones de $4{,}52x10^{-6}$ M de 2,4-D y combinada con dosis elevadas de BA ($2{,}2x10^{-5}$ M). Al parecer, la presencia de BA en los medios puede contribuir a mantener la capacidad de regeneración de éstos por largo tiempo, como en el caso de *Aloe ferox* (Racchi, 1987).

El número de yemas originadas por cada callo fue muy variable, manteniéndose este patrón en todos los medios, con aumentos y disminuciones del número de yemas durante los subcultivos de los diferentes medios, aunque con cierta tendencia a disminuir a medida que se sucedían los subcultivos debido, probablemente, a que las células en cultivo pierden información genética relacionada con la totipotencia (Sacristán y Melchers, 1969; Smith y Street, 1974; Orton, 1980). Otra causa puede ser que exista una sustancia promotora de la morfogénesis que disminuya durante el crecimiento *in vitro* o que un inhibidor de la morfogénesis se acumule durante el cultivo (Reinert y Backs, 1968). Por último, también puede ser que ocurran cambios epigenéticos en los mecanismos que regulan la morfogénesis (Rice et al., 1979).

El enraizamiento y aclimatación de las yemas obtenidas a través de esta vía, también se llevó a cabo con éxito, sin aplicación de hormonas para el enraizamiento.

2. PRODUCCIÓN DE ALOESINA, ALOÍNA A Y B Y ALOE-EMODINA EN PLANTAS MICROPROPAGADAS Y CALLOS DE *Aloe vera*.

Ha sido propósito principal de este trabajo la optimización de los medios de cultivo para la obtención masiva y en un corto tiempo, de diferentes tipos de material *in vitro* de *Aloe vera* (hojas, callos, yemas, etc.), con el objeto de establecer las condiciones de cultivo y tipo de material más apropiados para la producción de aloína, aloesina y aloe-emodina, los metabolitos secundarios de mayor interés farmacéutico e industrial de *Aloe vera.*

La composición del medio de cultivo utilizado también puede afectar la producción de un determinado metabolito siendo las hormonas las encargadas de estimular o inhibir la síntesis de dichos compuestos. En este sentido, las auxinas han demostrado ser más efectivas para inducir la producción de metabolitos (Dougall y Weyrauch, 1980).

Tomando como base los resultados obtenidos en nuestro trabajo, se demuestra que la adición de reguladores al medio de cultivo no es necesaria para la producción de determinados metabolitos secundarios, sin embargo, son necesarios para regular e incrementar su producción. Esto queda demostrado por el hecho de que en el medio MS0, sin hormonas, también se sintetizaron aloesina, aloína y aloe-emodina, tanto en hojas como en yemas, aunque en menor cantidad (Figura 17).

Otros estudios realizados en diferentes especies del género *Aloe* han comprobado que la distribución y contenido de determinados metabolitos secundarios varía según la edad del tejido y los cambios estacionales (Gutterman y Chausser-Volfson, 2000; Chauffer-Volfson y Gutterman, 1998). En diferentes especies de *Aloe* se ha encontrado que el contenido de aloína es mayor en hojas jóvenes (Chausser-Volfson y Gutterman, 1996; 1997; 1998). Igualmente, se ha demostrado que el contenido de metabolitos en *Aloe* es variable dependiendo de la zona de las hojas que se analice (Gutterman y Chauser-Volfson, 2000).

En los sistemas de cultivo *in vitro*, las principales variaciones de los compuestos fenólicos ocurren según el órgano de la planta a partir del cual se obtiene el material de partida o explanto. Además, los mismos brotes obtenidos mediante cultivo *in vitro* son fuente de variación, puesto que el contenido de los compuestos fenólicos en un mismo brote puede variar de acuerdo al tipo de tejido que se seleccione. Cortizo (1981) encontró mayor concentración de fenoles en hojas que en tallos de castaño *in vivo*. En nuestro trabajo, en general, se observó que el contenido de la aloesina y de aloe-emodina fue más alto en yemas, mientras que el de la aloína A y B fue más alto en hojas. Las variaciones en el contenido de compuestos fenólicos pueden ser debidas a la diferente composición de los tejidos que forman las hojas y yemas. Así mismo, parece evidente que la acumulación de metabolitos secundarios depende en parte del estado fisiológico y del genotipo de las células.

Las hojas de las yemas que multiplicaron en el medio MS4 y que fueron colocadas con fotoperiodos de 12 h y 16 h de luz presentaron diferencias en cuanto al contenido de metabolitos secundarios (Figura 16).

Las hojas de las plantas que crecieron en cámara con 12 h de luz y que fueron aclimatadas y mantenidas en invernadero produjeron más cantidad de aloesina, aloína A y B y de aloe-emodina que aquellas plantas que se multiplicaron con 16 h de luz. Nuestros resultados concuerdan con los encontrados en *Aloe saponaria* (Endress, 1994), donde la luz blanca indujo la producción de glicósidos de antraquinona. Además, en las plantas los metabolitos secundarios se sintetizan durante el crecimiento y la energía para estos procesos de síntesis proviene de la luz, que activa el proceso fotosintético, aunque el mecanismo por el cual la irradiación afecta el crecimiento de los cultivos *in vitro* aún es desconocido. Massot et al. (2000) llevaron a cabo un estudio en *Ruta graveolens* para evaluar el efecto de diferentes factores nutritivos y ambientales sobre el crecimiento de los cultivos *in vitro* y la producción de furanocumarinas, encontrando que la irradiación no ejerció efecto alguno sobre el crecimiento de brotes *in vitro* (acumulación de biomasa) y sobre la producción de furanocumarinas, con excepción de las xantotoxinas, cuya producción sí se incrementó en un 61% cuando los cultivos crecieron bajo irradiación.

En nuestro trabajo, el contenido de aloesina en las plantas cultivadas con 12 h de luz fue 400 veces mayor que el encontrado en las plantas con fotoperiodo de 16 h de luz. Esto también puede estar relacionado con el hecho de que *Aloe vera* es una planta con metabolismo CAM, de día corto y de climas tropicales.

Los estudios sobre contenido de metabolitos secundarios en callos de *A. vera* son escasos. Sin embargo, Yagi et al. (1998), obtuvieron callos a partir de hojas de plantas silvestres crecidos en oscuridad con $5{,}37x10^{-5}$ M de ANA y $8{,}87x10^{-7}$ M de BA, observando que esta combinación de hormonas fue la más favorable para la obtención de tetrahidroantracenos en *A. vera*. En el presente trabajo, la mejor combinación para la producción de metabolitos secundarios en callos de yemas apicales de *A. vera* fue la del medio MS3 (Figura 24), es decir, la combinación de $4{,}52x10^{-6}$ M de 2,4-D y $2{,}22x10^{-5}$ M de BA fue mejor para la producción de metabolitos que la combinación de $2{,}26x10^{-6}$ M de 2,4-D y $4{,}65x10^{-7}$ M de kinetina.

Estos resultados demuestran que cuando las concentraciones de 2,4-D fueron elevadas ($4{,}52x10^{-6}$ M), se obtuvieron mejores respuestas al combinarlas con BA que con kinetina. El uso del BA está muy extendido en muchos tipos de cultivos y sus efectos pueden ser variables. Tomando en cuenta esta variabilidad, nuestros resultados no están de acuerdo con los de Dias et al. (2001), quienes mencionan que el uso de BA en lugar de kinetina puede reducir la acumulación de xantonas en callos de *Hypericum perforatum*.

Cuando se comparan los contenidos de metabolitos secundarios en hojas de plantas silvestres con los de las hojas de plantas mantenidas *in vitro* y los callos, se observa que los perfiles cromatográficos son bastante similares, obteniéndose los mismos compuestos en los medios MS3 y MS4, aunque el contenido es menor en los materiales *in vitro* con respecto al silvestre. En hojas, el contenido de aloesina fue también mayor en MS3 con respecto a MS4 (Figura 15) mientras que no se observó producción de aloína o ésta se encontraba en cantidades tan pequeñas que no pudo ser detectada y, por tanto, tampoco se encontró aloe-emodina, principal producto de la oxidación de la aloína. En los callos, el contenido de metabolitos en el medio MS3 también fue mayor que en MS4. En este sentido, el contenido de aloesina en callos de MS3 y en yemas de 12 meses en el medio MS9, fue más alto que en hojas silvestres y que en el resto de los materiales *in vitro*, mientras que el contenido de aloína A y B fue mayor en hojas de 12 meses en medio MS11 y por último, el contenido de aloe-emodina en yemas de 12 meses en medio MS9 y en hojas *in vitro* en medio MS4 fue superior al encontrado en el resto de los materiales analizados hasta ahora, incluyendo hojas y yemas silvestres.

El contenido de metabolitos secundarios en las hojas de las plantas obtenidas a partir de los callos basales formados en el medio MS4 (Figura 28), fue menor al de los callos de donde se originaron esas yemas y también fue menor con respecto a la producción en hojas *in vitro* y en hojas silvestres; sin embargo, el contenido de aloesina, aloína A y B y aloe-emodina en estas plantas fue mayor comparado con el contenido observado en hojas de plantas multiplicadas con fotoperiodo de 16 h de luz.

3. CULTIVOS CELULARES EN SUSPENSIÓN DE *Aloe vera* EN LOS MEDIOS MS3 Y MS4.

Los cultivos en suspensión de células vegetales nos proporcionaron poblaciones celulares relativamente homogéneas, fácilmente manipulables y con condiciones de crecimiento definidas. Estos cultivos se utilizan para obtener sistemas adecuados para el estudio de vías metabólicas, de actividades enzimáticas, expresión de genes y degradación de compuestos.

El establecimiento de los cultivos de células en suspensión generalmente se logra transfiriendo porciones de callos a un medio líquido de la misma composición que el utilizado para el desarrollo de los callos; el cultivo se sometió a agitación continua para evitar la formación de agregados celulares lo que posibilitó el intercambio gaseoso y homogenización del medio de cultivo.

El crecimiento de las suspensiones se ha expresado en función del incremento en peso fresco y peso seco. Teniendo como base esta consideración previa, las suspensiones del medio MS3 presentaron mayor crecimiento que las del medio MS4. Tomando en cuenta que ambos medios contienen 2,4-D como auxina y sólo varían en la citoquinina utilizada, BA en MS3 y kinetina en MS4, esto significa que el BA fue importante para lograr un mayor crecimiento de las células en suspensión de *Aloe vera*. La citoquinina es importante para que las células en cultivo puedan mantener la capacidad de regeneración (Racchi, 1987).

Algunos autores han afirmado que el genotipo, la edad de las células, la especie y la composición del medio de cultivo, pueden afectar la morfología de las células en suspensión (Yeoman y Street, 1977; Hall,

1991). Sin embargo, en el presente trabajo no se encontró relación entre la diferente composición del medio de cultivo y la forma de las células. Sí se observaron diferencias en la forma a lo largo del cultivo, las células pasaron de ser redondeadas en los primeros días del cultivo a presentar forma alargada durante el final de éste. Resultados similares han sido presentados por Corredoira (1997) en cultivos celulares en suspensión de *Arabidopsis thaliana.*

La disponibilidad de nutrientes en el medio de cultivo es un factor limitante del crecimiento celular y el consumo de un determinado nutriente coincide con la desaparición de éste del medio de cultivo. Por ello, paralelamente a la determinación de la cinética de crecimiento celular, se estudió el consumo por parte de las células, de los nutrientes presentes en el medio de cultivo, en MS3 y MS4.

Los azúcares y el fosfato fueron los factores limitantes del crecimiento celular en los cultivos en suspensión de *Aloe vera,* pues en los dos medios fueron los primeros en consumirse, coincidiendo su desaparición del medio con un mayor crecimiento (Figuras 35 y 36).

En este trabajo, la sacarosa fue el primer nutriente que desapareció del medio de cultivo en los dos medios estudiados, ya que fue hidrolizada a glucosa y fructosa y por
esa razón a medida que descendieron los niveles de sacarosa aumentaron los de glucosa y fructosa. Estos mismos resultados se han conseguido en otros estudios (Fowler y Stepan-Sarkissian, 1985; Stepan-Sarkissian y Grey, 1990; Corredoira, 1997).

El consumo de azúcares en general fue mayor en las células del medio MS3 (2,4-D/BA), hecho éste que concuerda con el mayor crecimiento que presentaron las células de este medio. En MS4 el consumo de azúcares fue menor, lo que explica el menor crecimiento observado en este medio, coincidiendo los días de menor crecimiento con los días de menor consumo.

Por otra parte, en los dos medios se observó que la desaparición del fosfato en el medio de cultivo fue factor desencadenante para que las células entraran en fase estacionaria ya que cuando las células en suspensión en ambos medios entraron en la fase estacionaria todavía se encontraron azúcares en el medio de cultivo mientras que el porcentaje de fosfatos, en ambos, fue muy bajo. En este sentido, el consumo de fosfatos en MS3 fue más lento que en MS4, lo que podría también haber contribuido con el mayor crecimiento de las suspensiones en el medio MS3.

Algunas especies, como *Arabidopsis*, parecen presentar menor necesidad de nitrógeno para su crecimiento (Acedo, 1986). Estos resultados están de acuerdo con los encontrados en el presente trabajo donde los nitratos parecen no tener un papel muy esencial en el crecimiento de las células de *Aloe vera*, como sí lo tienen los azúcares y el fosfato, ya que en ambos medios, el contenido de nitratos al final del cultivo fue alto.

El estado nutricional de las células en el medio de cultivo es un factor que influye en la síntesis de un metabolito secundario (Dougall, 1980; Delfel y Smith, 1980) y muchas investigaciones han demostrado que las modificaciones realizadas en los constituyentes del medio nutritivo donde crecen las células puede conducir a la expresión o represión de una ruta metabólica.

Partiendo de las consideraciones hechas previamente y tomando en cuenta los perfiles cromatográficos obtenidos a partir de los extractos etanólicos del medio de cultivo de las suspensiones celulares de nuestro estudio, el contenido de compuestos fenólicos fue mayor en el medio MS3, es decir, el medio que contiene la combinación de $4{,}52X10^{-6}$ M de 2,4-D y $2{,}22x10^{-5}$ M de BA fue el más adecuado para la producción de metabolitos secundarios en suspensiones de *A. vera* (Figura 37). Esto concuerda con los resultados obtenidos en *Digitalis thapsi*, donde las dosis elevadas de BA, condujeron a un incremento en el contenido de cardiotónicos (Morán, 1992). En cultivos de callos y suspensiones celulares de *Saussurea medusa*, la máxima producción de jaceosidina se logró al combinar ANA con BA (Zhao et al., 2001).

En contraste con los resultados obtenidos por otros autores (Park et al., 1998) y al igual que en hojas, yemas y callos, en las suspensiones celulares, también la aloe-emodina en algunas ocasiones superó el contenido de la aloína A y B.

En el presente trabajo, en suspensiones celulares de *Aloe vera*, la producción de nuestros tres metabolitos estudiados fue más alta al final del cultivo.

La composición del medio de cultivo donde crecen las células puede ocasionar cambios en el crecimiento y consumo de nutrientes por parte de éstas. Por ello, en este trabajo, se estudió en primer lugar la cinética de crecimiento y consumo de nutrientes en suspensiones celulares de *Aloe vera* en los medios MS3 y MS4 que fueron tomadas como suspensiones control y posteriormente, a estos mismos medios se añadieron, NaCl 100, 200 y 300 mM, $CaCl_2$ 10, 20 y 50 mM, $CoCl_2$ 50 μM, ácido salicílico (AS) 0,01 y 1 mM y $NiCl_2$ 5 mM para comprobar el efecto que ejercen estos compuestos en la producción de metabolitos secundarios.

En general, se observó que la mayoría de estos compuestos, en la mayoría de los casos, se comportaron como elicitores del crecimiento, provocando un aumento el crecimiento de las suspensiones, tanto en peso fresco como en peso seco con respecto a las suspensiones control.

En cuanto al consumo de nutrientes, los azúcares y los fosfatos continúan siendo los factores limitantes para el crecimiento de las suspensiones con elicitores.

Al igual que en las suspensiones control, la sacarosa es el primer azúcar en desaparecer del medio de cultivo en todos los casos, con excepción del medio MS3 con $CoCl_2$ 50 µM, donde el contenido de la sacarosa permanece alto durante casi todo el cultivo con respecto a las suspensiones controles. El resto de los azúcares se comportó de una manera similar a las suspensiones control, es decir, a medida que disminuía el contenido de azúcares totales y de sacarosa, aumentaba el de la fructosa y glucosa (Fowler y Stepan-Sarkissian, 1985; Stepan-Sarkissian y Grey, 1990; Corredoira, 1997).

En la mayoría de los medios, se observó que el fosfato, al igual que en las suspensiones controles, es un factor esencial para el crecimiento de las células en suspensión de *A. vera*. En MS3, se observó mayor consumo de fosfato con respecto a las suspensiones sin elicitores al añadir $CaCl_2$ 50 mM, mientras que en MS4, la adición de $CoCl_2$ 50 µM provocó un consumo más rápido de los fosfatos presentes en el medio.

En cuanto a los nitratos, el comportamiento fue muy similar al de las suspensiones control en el sentido de que, aparentemente, los nitratos no son limitantes en el crecimiento de células en suspensión de *A. vera*. El mayor consumo de nitratos en MS3 se observó en las suspensiones cuyo medio de cultivo fue suplementado con NaCl 200 mM, en cambio, en MS4, la adición de $CoCl_2$ 50 μM ocasionó un mayor consumo de nitratos por parte de las células.

Las células responden de forma rápida y distinta a los cambios en las condiciones del medio. Para determinar si la adición de una sustancia al medio de cultivo donde crecen las células, puede afectar o no al crecimiento y a la síntesis de un determinado compuesto, es necesario conocer estos parámetros con anterioridad.

Existen numerosos estudios que demuestran la importancia de la optimización del medio de cultivo para incrementar la producción de un metabolito dado (Zenk et al., 1975; Fuyita et al., 1981; Deeknamkul y Ellis, 1985; Zobel et al., 1991; Bourgaud et al., 1992; Tumová et al., 2001; Zhao et al., 2001; Oven et al., 2002; Zhang y Yong Wu, 2003). En nuestro trabajo y a la vista de nuestros resultados, el contenido de metabolitos secundarios, en este caso, aloesina, aloína y aloe-emodina, en general aumentó con la mayoría de las sustancias añadidas al medio de cultivo, es decir, que estas sustancias se comportaron como elicitores. De igual manera, el contenido de metabolitos secundarios, en casi todas las concentraciones utilizadas fue mayor en el medio MS3.

El ión Ca^{2+} se comporta como mensajero en las respuestas dadas por las células después de ser sometidas a elicitores (Reddy et al., 2003), de hecho, se ha sugerido que este ión puede estar involucrado en más de un paso de la secuencia de señales que conducen a la síntesis de fitoalexinas (Preisig y Moreau, 1994). La utilización de $CaCl_2$ en los medios de cultivos puede provocar efectos variables en el crecimiento y producción de metabolitos secundarios. En callos de *Agave amaniensis*, la ausencia de Ca^{2+} en los cultivos ocasionó el incremento en la producción sapogenina (Andrijany et al., 1999) mientras que en cultivos de raíces de *Brugmansia candida*, la adición de $CaCl_2$ no tuvo efectos sobre el crecimiento y producción de alcaloides (Pitta-Alvarez et al., 2000). Por el contrario, Spollansky et al. (2000), observaron que la adición de $CaCl_2$ a cultivos de raíces de *Brugmansia candida* incrementaba la acumulación de los alcaloides escopolamina e hiosciamina.

En el presente trabajo, las altas concentraciones de $CaCl_2$ ocasionaron una disminución en el peso fresco y peso seco de las suspensiones celulares, lo que pudo deberse a que el $CaCl_2$, en concentraciones elevadas pudo resultar tóxico para las células. Esta situación también se vio reflejada en la producción de metabolitos secundarios, ya que la adición de $CaCl_2$ en concentraciones de 10 mM y 20 mM en el medio MS3 indujo la producción más alta de aloesina, aloína A y B y aloe-emodina (Figuras 42 y 43). Por ejemplo, con $CaCl_2$ 10 mM la producción de aloe-emodina se incrementó en un 1620% por encima de los niveles encontrados en las suspensiones control y fue casi 14 veces la producción observada en las hojas de plantas silvestres. Estos resultados coinciden con los de Gontier et al. (1994), quienes también encontraron que con la adición de $CaCl_2$ 10 mM, el contenido intracelular de escopolamina y hiosciamina se incrementaba diez veces en suspensiones celulares de *Datura innoxia*. Esto puede deberse a que, a determinadas concentraciones, el Ca^{2+} puede elevar la presión osmótica a la que están sujetas las células en cultivo, actuando como un agente de estrés o un elicitor abiótico. Además, se ha observado en cultivos de *Solanum malacoxylon*, la concentración del calcio puede tener efecto importante en la regulación de la síntesis y producción de metabolitos (Aburjai et al., 1997).

La utilización de $CoCl_2$ 50 μM también provocó incrementos en el crecimiento y producción de metabolitos secundarios en las suspensiones celulares (Figura 48). En este sentido, en MS3, la presencia de $CoCl_2$ 50 µM en el medio de cultivo provocó el mayor incremento en peso fresco observado. Estos resultados concuerdan con los encontrados en *Digitalis thapsi* (Morán, 1997), donde se observó que la adición de $CoCl_2$ 50 µM ejerció un efecto promotor sobre el crecimiento, aunque el mecanismo por el cual actúan elicitando los cultivos, no es muy conocido. Igualmente, la adición de $CoCl_2$ 50 µM ocasionó un aumento en la producción de metabolitos secundarios. Por ejemplo, con este compuesto, la producción de aloe-emodina fue mayor que con $CaCl_2$10 mM, ya que el incremento observado durante el día 18 de cultivo en el medio MS3 fue de 2708% con respecto a las suspensiones sin $CoCl_2$ 50 µM y fue 9 veces la producción observada en hojas de plantas silvestres. En el caso de la aloesina y aloína también se encontraron aumentos de la producción por encima de los niveles encontrados en las suspensiones control. Esto está en consonancia con un estudio llevado a cabo por Tumová et al. (2001), donde el Co^{+2} se comporta como un elicitor abiótico, provocando el aumento de la producción de flavonoides al ser añadido a cultivos de callos de *Ononis arvensis* L. (*Fabaceae*). Por otra parte, Indrayanto et al. (1996) también encontraron que la adición de iones Co^{2+} aumentó la acumulación de sapogenina en cultivos de *Agave amaniensis*, aunque estos autores trabajaron con cultivos de callos y las concentraciones utilizadas variaron entre 1-20 µM. Es posible que el modo de acción del $CoCl_2$, esté relacionada con la inhibición de algunas enzimas (Shibli et al., 1997), aumentando la síntesis de metabolitos secundarios.

La adición de $NiCl_2$ favoreció principalmente la producción de aloína y aloe-emodina (Figura 53). Es posible que el incremento en la producción de metabolitos secundarios podría deberse a que la presencia de este metal pesado provoque daños en la membrana celular, lo que hace que los metabolitos se liberen al medio de cultivo (Pitta-Alvarez et al., 2000). Sin embargo, la presencia de $NiCl_2$ 5 mM en los medios MS3 y MS4 inhibió la producción de aloesina. Probablemente esto se debe a que, con esa concentración, los iones Ni^{2+} pueden resultar tóxicos (Paiva et al., 2001) o inhibir algún paso en la síntesis de la aloesina en *Aloe vera* o quizás las cantidades sintetizadas de este metabolito secundario fueron tan pequeñas que no pudieron ser detectadas en el HPLC. Además, el $NiCl_2$ es un inhibidor de la síntesis del etileno que, como se sabe, puede inducir o reprimir la producción de metabolitos secundarios dependiendo de la concentración a la que se encuentre dicho compuesto en los cultivos (Shibli et al., 1997; Zhang y Wu, 2003).

En *Ruta graveolens* (Bourgaud et al., 1992) y en *Psoralea cinerea* (Zobel et al., 1991), al utilizar NaCl como elicitor, se observó que el contenido general de furocumarina descendió, pero el porcentaje de este compuesto aumentó dos veces con respecto al control, en la superficie de las hojas. En nuestro trabajo, la adición de NaCl al medio de cultivo de las suspensiones celulares, provocó disminución en el peso fresco y al mismo tiempo un aumento del peso seco, indicando que el estrés hídrico ocasionado hace que disminuya el potencial hídrico del medio de cultivo por lo que las células se ven imposibilitadas de tomar agua (Figura 55). Esta situación también se reflejó en la producción de metabolitos secundarios por parte de las células en suspensión ya que, en general, la presencia de NaCl no favoreció la síntesis de aloesina, aloína y aloe-emodina, observándose que a medida que aumentaba la concentración de NaCl, la síntesis de los compuestos secundarios disminuía, incluso, en ambos medios, cuando se añadió NaCl 300 mM no fue posible detectar ni aloína ni el producto de su oxidación, aloe-emodina (Figuras 58 y 59). Los bajos niveles de producción de metabolitos secundarios encontrados en el presente trabajo al añadir NaCl 200 mM y 300 mM pueden estar relacionados con el hecho de que la alta salinidad conduce a disminución de la turgencia de las células, cambios en los procesos metabólicos de las células así como también, cambios en el contenido iónico de las células, así, las células de las plantas responde al estrés salino, ajustando sus condiciones fisiológicas y metabólicas (Lichtenthaler, 2004). Además, las plantas poseen genes que les permiten mantener el equilibrio metabólico ante estas situaciones de estrés, sintetizando compuestos involucrados en las respuestas de defensa de las plantas y, como se ha visto en otros estudios, los compuestos fenólicos presentes en *Aloe vera*, forman parte de los mecanismos de defensa de esta planta ante situaciones de estrés y ante animales herbívoros (Esteban-Carrasco et al., 2001; 2002). En efecto, con NaCl 100 mM, se observó síntesis de compuestos secundarios, especialmente aloesina, que es un compuesto fenólico del grupo de las cromonas de *A. vera*, relacionado con las respuestas de defensa de la planta. En un estudio llevado a cabo por Esteban-Carrasco et al. (2002), se comprobó que las cromonas de *A. vera*, son buenos sustratos de las enzimas peroxidasas que son sintetizadas durante las reacciones de defensa de la planta y que oxidan los compuestos fenólicos presentes en las células. Sin embargo, como ya se mencionó, al aumentar la concentración de NaCl, la producción de aloesina se vio disminuida y en el caso de la aloína y aloe-emodina se vio inhibida debido, a que el estrés salino se hace muy alto (NaCl 200 y 300 mM) por lo que las células no pueden mantener el equilibrio homeostático que se produce cuando el estrés es de larga duración y existe una sobrecarga de la capacidad adaptativa que conduce a la fase final del estrés, es decir al estadio de agotamiento y daño crónico o muerte de las células (Lichtenthaler, 2004).

La última sustancia utilizada para comprobar el efecto que ejercía sobre nuestras suspensiones celulares fue el ácido salicílico (AS). Este compuesto también puede comportarse como un elicitor abiótico en determinadas circunstancias, interviniendo en el mecanismo de defensa de las células (Reymond y Farmer, 1998). El AS es una molécula que regula la expresión de varios genes relacionados con las reacciones de defensa de las plantas (Shualev et al., 1995; Malamy et al., 1996) y es un inhibidor de la síntesis de etileno (Dong, 1998), una fitohormona que también interviene en los mecanismos de defensa de las plantas (O´Donnell et al., 1996). El AS actúa regulando los genes implicados en la síntesis de alcaloides actuando como una señal en el mecanismo de defensa o podría actuar indirectamente a través de la inhibición de la biosíntesis de etileno (Pitta-Alvarez et al., 2000). En general, la presencia de ácido salicílico ejerció poco efecto sobre el crecimiento de las suspensiones celulares de *Aloe vera*; en todo caso, los incrementos más altos en peso fresco y peso seco, se observaron con AS 0,01 mM, en el medio MS3. Nuestros resultados son diferentes a los encontrados en otros estudios, donde el AS se comporta como un inductor de la síntesis de metabolitos. En cultivos de raíces de *Brugmansi candida*, la adición de AS 1 mM provocó un incremento en el contenido de escopolamina y hiosciamina (Pitta-Alvarez et al., 2000). En nuestro trabajo, la producción de metabolitos secundarios se vio disminuida con la adición de AS, especialmente en el medio MS4 donde la producción de aloesina, aloína A y B y aloe-emodina fue menor a la observada en MS3 (Figuras 64 y 65). No obstante, en ambos medios, la concentración de 0,01 mM fue mejor para la producción. Esto podría estar relacionado con el hecho de que el AS está involucrado en el mecanismo de defensa de las plantas cuyos aspectos bioquímicos aún no están del todo clarificados. Se ha observado que algunos inhibidores de la síntesis de etileno, entre los que se encuentra el AS, pueden provocar aumento o disminución en la producción de metabolitos secundarios dependiendo de la concentración del etileno en los cultivos. Se ha afirmado que el etileno es beneficioso cuando se encuentra a bajas concentraciones mientras que si su concentración es alta, puede resultar desfavorable para la biosíntesis de metabolitos secundarios (Linden et al., 2001). Las células en cultivo pueden producir etileno y cuando el cultivo se expone a estrés o a la acción de elicitores, el incremento en el nivel de este compuesto puede ocasionar efectos adversos sobre el crecimiento así como también sobre la producción de metabolitos secundarios por parte de las células (Zhang y Wu, 2003). Así, en cultivos celulares de *Taxus spp*., la adición de ácido acetilsalicílico tuvo efectos adversos sobre la producción de paclitaxol (Zhang y Wu, 2003). Además, otro estudio sugirió que existe una concentración óptima para los inhibidores de la síntesis de etileno que puede utilizarse para aumentar la producción de un metabolito secundario, de lo contrario, altas concentraciones de etileno en el medio de cultivo puede inhibir la síntesis de metabolitos (Linden et al., 2001). Por otro lado, algunos estudios han revelado que algunas sustancias supresoras inhiben las señales de los mecanismos de defensa, incluyendo las ATPasas y las protein-kinasas (Shiraisi et al., 1997), como el caso del AS que puede activar la protein kinasa p48 (Uppalapati et al., 2004). Parece ser que algunos supresores en presencia de elicitores, pueden inhibir o retrasar la activación de la fenilalanina amonio-liasa (PAL) y por ende la subsecuente acumulación de los metabolitos secundarios sintetizados a través de esa ruta (Yamada et al., 1989; Kato et al., 1995).

Según estos resultados, el $CaCl_2$, el $CoCl_2$ y el $NiCl_2$ fueron los elicitores que mostraron poseer mayor actividad inductora. En general, el efecto producido por un elicitor abiótico sobre cultivos celulares depende de varios factores que pueden interaccionar, entre estos, la especificidad del elicitor (Darvill y Albershein, 1984), la duración del tratamiento y el estado de crecimiento del cultivo (Eilert et al., 1986). La concentración utilizada del elicitor (Funk et al., 1987) también es un factor del que depende la acción de éste. Esto quedó demostrado en este trabajo al aplicar distintas concentraciones de NaCl, ácido salicílico y $CaCl_2$, obteniéndose resultados completamente distintos con cada una de ellas.

Considerando que, aunque las sustancias añadidas al medio se comportaron como elicitores promoviendo incrementos en la producción de metabolitos secundarios en ambos medios MS3 y MS4, el contenido de metabolitos en MS4 fue menor al obtenido en el medio MS3, con lo que se demuestra que el modo de acción de los elicitores también está relacionado con la composición del medio de cultivo y con la combinación hormonal utilizada en el mismo. Sin embargo, el mecanismo por el cual los iones metálicos actúan aumentando la producción de metabolitos secundarios no es muy conocido; quizás puedan actuar uniéndose a constituyentes biológicos de las células.

Parece ser que los elicitores estimulan la ruta del fenilpropano a través de la pentosa fosfato y del ácido siquímico, aumentando la producción de fenoles. La ruta del ácido siquímico convierte los carbohidratos en amoniácidos aromáticos como la fenilalanina, la cual es el material de partida para la ruta del fenilpropano a través de la cual se sintetizan varios metabolitos secundarios, entre ellos, ácidos fenólicos. En la ruta del fenilpropano, la fenilalanina amonio liasa cataliza la conversión de la fenilalanina a ácido cinámico, el precursor de los fenoles (Randhir et al., 2002).

Otro aspecto que se debe mencionar, es que la producción de algunos metabolitos secundarios fue mucho mayor durante determinados días del cultivo, principalmente entre los días 6, 12 y 18. Estas observaciones son de gran importancia sobre todo si se tiene en cuenta que estudios como el nuestro pueden servir de base para posteriores estudios de biotransformación y cultivo de células aisladas para la producción de un determinado metabolito, puesto que, en general, el objetivo de las suspensiones celulares es obtener altas velocidades de crecimiento celular con altas viabilidades. Para ello, los cultivos pueden mantenerse continuamente mediante cambios frecuentes (cada 2 ó 3 días) a medio fresco. Asimismo, la estabilidad de las células en la fase estacionaria depende de la especie y de la naturaleza del factor limitante del crecimiento.

Cuando se analizan en conjunto los resultados de las determinaciones de metabolitos secundarios en los diferentes materiales estudiados en el presente trabajo, puede observarse que, en general, el contenido de metabolitos es menor en el material *in vitro* con respecto al material silvestre. En general, pudo observarse que el contenido de metabolitos fue mayor en hojas de plantas mantenidas *in vitro* en el medio MS3 con respecto al contenido observado en MS4, pero en ambos medios, el contenido fue menor al de hojas de plantas silvestres, con excepción del contenido de aloe-emodina en hojas *in vitro* en MS4, cuyo contenido fue 14 veces superior al encontrado en plantas silvestres. El contenido de los distintos compuestos fenólicos en las hojas de plantas aclimatadas y mantenidas en invernadero fue inferior al encontrado en plantas silvestres. Estos mismos resultados se han encontrado anteriormente (Zonta et al., 1995). Por ejemplo, en plantas regeneradas de *Digitalis thapsi* se encontró que el contenido de digitoxina fue ligeramente inferior al de la planta silvestre (Morán, 1992). Iguales resultados se observaron en *Digitalis purpurea* y *D. lanata* (Lui y Staba, 1981; Hagimori et al., 1984).

En callos, el contenido de metabolitos fue mayor en el medio MS3 al compararlo con MS4, excepto en el caso de la aloína A y B en callos de MS3, cuyo contenido fue ligeramente inferior al de los callos en MS4. El contenido de aloesina y aloína A y B en callos de MS3 fue mayor al observado en hojas silvestres, hojas *in vitro* y hojas de plantas regeneradas mantenidas en invernadero. El contenido de aloe-emodina en hojas *in vitro* de MS4 fue superior al encontrado en el resto de los materiales analizados.

En el medio de cultivo de las suspensiones celulares mantenidas en los medios MS3 y MS4, el mayor contenido de metabolitos se observó en las suspensiones que se encontraban en el medio MS3, aunque, en general, el contenido fue inferior al conseguido en callos y yemas. En *Rauwolfia sellowii*, la concentración de alcaloides también fue más alta en callos que en suspensiones celulares, debido, probablemente a que en los callos existe mayor contacto célula-célula, los tejidos presentan mayor edad y una diferenciación limitada de las células (Rech et al., 1998).

Con respecto a las variaciones en el contenido de estos compuestos, cuando se comparan todos los resultados obtenidos, se puede ver que éstas dependieron de los materiales analizados y del elicitor utilizado. Por ejemplo, las producciones más altas de aloesina (553,5 μg/g p.s.) se obtuvieron con yemas que se cultivaron en medio MS9 durante 12 meses y con callos de 3 meses de edad en medio MS3 (498 µg/g p.s.). A pesar de que el contenido es menor, es de notar que las suspensiones en MS3 con NaCl 100 mM, produjeron 133,14 µg/g p.s. de dicho metabolito sólo en 6 días de cultivo. En cuanto a la aloína A y B la producción más alta (133 µg/g p.s.) se obtuvo en suspensiones en MS3 con NaCl 200 mM en 12 días de cultivo y con respecto a la aloe- emodina, el mayor contenido se observó en yemas de 12 meses en el medio MS9 (141,302 µg/g p.s.), sin embargo, nuevamente, en suspensiones de MS3 con $CoCl_2$ 50 µM, se obtuvieron 27,18 µg/g p.s. en sólo 18 días de cultivo.

El contenido de compuestos fenólicos también se ha relacionado con la edad de los cultivos. Numerosas investigaciones han mostrado que el contenido de metabolitos secundarios disminuye al aumentar la edad de los cultivos (Garve et al., 1980; Nover et al., 1980; Diettrich et al., 1987; Morán, 1992; Murray y Hackett, 1991). Otros trabajos han mostrado resultados contrarios a estos (García et al., 1981). Nuestros resultados indican que, en *Aloe vera*, al menos en el material estudiado con diferentes edades (hojas, yemas y suspensiones celulares), el contenido más alto de aloesina, aloína y aloe-emodina se encontró en tejidos maduros, de 6 y 12 meses, en el caso de las hojas y yemas. En suspensiones celulares, la producción más alta de aloesina en el medio MS3, se encontró durante el día 18 (fase estacionaria), la aloína A y B durante el día 6 y la aloe-emodina en el día 9 de cultivo. En las suspensiones que se encontraban en el medio MS4, el contenido más alto de los tres metabolitos se observó durante la fase estacionaria (día 18 de cultivo). Esto podría estar relacionado con el hecho de que la mayoría de los metabolitos secundarios se sintetizan después de haber finalizado el metabolismo primario y cuando los nutrientes han desaparecido del medio de cultivo (Lindsey y Yeoman, 1983); es decir, cuando las células entran en la fase estacionaria del crecimiento (Neumann, 1983; Mérillon et al, 1984; Yamamota y Yamada, 1986). En *Rauwolfia sellowii*, la máxima acumulación de alcaloides coincidió con el final de la fase de crecimiento exponencial, indicando que la concentración de alcaloides se incrementa cuando aumenta la masa celular (Rech et al., 1998). Esta baja producción en los estados tempranos de crecimiento se atribuye a la carencia de carbono, ya que cuando el crecimiento es muy activo, el carbono es utilizado principalmente en el metabolismo primario para la construcción de estructuras celulares y en la respiración y cuando el crecimiento se detiene, el carbono ya no es tan necesario y entonces comienza a ser usado para la síntesis de metabolitos secundarios (Bourgaud et al., 2001).

Otro aspecto importante a mencionar es el efecto que ejerce la diferente combinación hormonal sobre el contenido de compuestos fenólicos en los distintos materiales analizados. Algunos estudios han demostrado que los reguladores del crecimiento pueden influir en la producción de un determinado metabolito secundario, estimulando o en su defecto inhibiendo la producción de éste. De este modo, se ha observado que el 2,4-D puede inhibir la producción de nicotina (Tabata e Hiraoka, 1976).

Por el contrario, el AIA puede inducir la producción de nicotina, anabatina y anabasina (Furuya et al., 1971) mientras que el ANA estimula la síntesis de antraquinonas en *Morinda citrifolia* (Zenk et al., 1975; Han et al., 2001) y de jaceoisdina en suspensiones celulares de *Saussurea medusa* (Zhao et al., 2001). Como puede observarse, los resultados que se obtienen al aplicar distintos reguladores del crecimiento son variables y la acción de éstos estará determinada no sólo por la concentración absoluta de estas sustancias, sino más bien por la relación existente entre ellas. Así mismo, es posible que exista una combinación hormonal más adecuada para la producción de estos metabolitos secundarios, lo que explicaría por qué el mismo compuesto se produce en mayor cantidad con una determinada combinación hormonal. Partiendo de estos hechos, en nuestro estudio, el contenido de compuestos fenólicos fue mayor en el medio MS3, es decir, el medio que contiene la combinación de 2,4-D y BA. Otros estudios también han descrito incrementos en la producción de metabolitos secundarios al utilizar BA en los cultivos (Morán, 1992; Zhao et al., 2001).

Pero sin duda, uno de los resultados más interesantes, es el cambio en las proporciones de los metabolitos seleccionados para este estudio. Numerosas investigaciones llevadas a cabo en hojas de *Aloe vera* han demostrado que el metabolito que se encuentra con mayor contenido es la aloína A y B, seguida de la aloesina y por último, la aloe-emodina. En este sentido, se ha descrito que la aloína constituye poco más del 30% del peso seco de los exudados de las hojas de la planta y que los niveles de aloína en las *Aloe* son altamente variables y parecen depender de la especie así como de las condiciones de crecimiento de la planta (Groom y Reynolds, 1986). En contraste con dichos estudios, en nuestro trabajo la aloesina fue el metabolito que presentó mayor contenido, mientras que la aloe-emodina en algunas ocasiones superó el contenido de la aloína A y B. En *Aloe* se han encontrado resultados similares en otros estudios y se cree que la explicación de este hecho también puede encontrarse en la inestabilidad de algunos compuestos. Por ejemplo, la aloína es bastante inestable y poco resistente a altas temperaturas (Haynes y Holdsworth, 1970; Graf y Alexa, 1980), Sin embargo, en los cultivos *in vitro*, las variaciones en el contenido de los compuestos fenólicos ocurren principalmente dependiendo del tipo de tejido que se seleccione para la obtención del explanto.

Además, las células *in vitro* presentan un estado de desarrollo y diferenciación distintos a los de la planta adulta, lo que puede conducir a la expresión o represión de una determinada ruta metabólica y por tanto, es posible que determinados compuestos no sean observados o lo hagan en menor número y/o cantidad en los materiales *in vitro*. No obstante, la observación de que el contenido de aloe-emodina aumenta a medida que disminuye la proporción de la aloína, nos hace considerar que la razón para que la aloe-emodina se haga superior en contenido con respecto al de la aloína no es que la síntesis de esta última sea reprimida, más bien, nuestros resultados apuntan a que este hecho se debe a la oxidación de la aloína, puesto que la aloe-emodina es el principal producto de la oxidación de la aloína (Makino et al., 1973; González-Quevedo, 1990; Manitto et al., 1990; Zonta et al., 1995). En efecto, se ha considerado que la aloe-emodina se origina más por descomposición oxidativa que por biosíntesis directa (Grün y Franz, 1982). En relación con esto, algunos estudios *in vivo* han mostrado que la aloína administrada en forma oral se absorbe muy poco pero es metabolizada a aloe-emodina por la microflora intestinal, siendo absorbida rápidamente (Ishii et al., 1994). Wamer et al. (2003), han encontrado evidencias de que los fibroblastos de la piel de humanos son capaces de metabolizar la aloína A para producir aloe-emodina. Masuda y Ueno (1984) describieron que la hidroxilación de las antraquinonas estaba catalizada por el citocromo P450. El citocromo P450 1A2 también hidroxila varios compuestos aromáticos policíclicos y otros compuestos fenólicos (Stresser y Kupfer, 1997). Las reacciones de biotransformación *in vivo* e *in vitro* de las dihidroxiantraquinonas no están del todo definidas. La biotransformación de la emodina en las células microsomales parece estar mediada por el citocromo P450. Mueller et al. (1998) estudiaron la biotransformación de la emodina en microsomas del hígado en ratas encontrando que la biotransformación del crisofanol por el citocromo P450 para dar origen a aloe-emodina, puede ser considerada como una "reacción de bioactivación" que podría resultar en un proceso de detoxificación celular. Por tanto, es posible que en nuestro material *in vitro* de *Aloe vera*, la aloína A y B, mediante un proceso de oxidación, dé paso a la formación de aloe-emodina y por esa razón, la proporción de aloe-emodina se hace superior a la encontrada en hojas silvestres. Es posible también que la aloína A y B no desaparezca completamente pero las cantidades podrían ser muy pequeñas como para ser detectadas por los métodos utilizados en el material *in vitro*. Este hecho podría ser de gran importancia para posteriores estudios dirigidos a la optimización de medios de cultivo y manipulación de éstos, con el objeto de lograr la producción en grandes cantidades de aloe-emodina que, como ya se ha mencionado, es junto con la aloína, de gran importancia medicinal e industrial, pero que sin embargo, se encuentra en cantidades mínimas en la planta.

El análisis conjunto de las variaciones observadas en el contenido de compuestos fenólicos parece indicar que el cultivo *in vitro*, bien sea a través de multiplicación de yemas, de organogénesis o por medio de cultivos celulares en suspensión, es una técnica idónea para la producción de compuestos fenólicos en *Aloe vera*. Sin embargo, tomando en cuenta nuestros resultados, queda claro que el uso de las suspensiones celulares para la producción de determinados metabolitos secundarios es de gran utilidad porque, como se ha visto, permite la obtención de dichos compuestos en menor tiempo y a menor costo, que los cultivos de callos y de yemas. Además, teniendo como base que el objetivo de las suspensiones celulares es obtener altas velocidades de crecimiento celular con altas viabilidades, la fácil manipulación que ofrece este tipo de cultivos permite que los medios de cultivo puedan optimizarse y que éstos puedan mantenerse continuamente durante los días del cultivo en los cuales la producción de estos compuestos es mucho mayor. Además, la utilización de los elicitores como $CaCl_2$, $CoCl_2$ y $NiCl_2$ permite aumentar la producción de estos metabolitos. Estas observaciones son de gran importancia sobre todo si se tiene en cuenta que estudios como el nuestro pueden servir de base para posteriores estudios de biotransformación y cultivo de células aisladas para la producción a gran escala de un determinado metabolito.

En todo caso, consideramos que existen muchos otros factores que aparte de los mencionados aquí entran en juego en el proceso de crecimiento de los cultivos celulares de *Aloe vera* y que la interacción de todos ellos es la que determina el crecimiento de un material dado. En cualquier caso, nos planteamos la necesidad de continuar con los estudios de la acción de elicitores en los cultivos celulares en suspensión para mejorar la producción de los metabolitos secundarios.

Sin duda, los resultados obtenidos en el presente estudio servirán de base para ampliar el conocimiento sobre el crecimiento *in vitro* de *Aloe vera*. Además, los resultados obtenidos a partir de yemas apicales pueden ser aplicados para incrementar la población de plantas y contribuir, así, a satisfacer la alta demanda comercial de esta planta que existe en la actualidad. Por último, considerando la gran importancia económica y medicinal de *Aloe vera* actualmente, es de esperar que esta planta siga siendo de gran interés para el hombre durante mucho tiempo más.

VI. CONCLUSIONES

1. El protocolo desarrollado para la multiplicación de *Aloe vera* a partir de yemas apicales permite obtener buenas tasas de multiplicación utilizando ANA y kinetina.
2. La combinación de 2,4-D y kinetina fue la más eficaz para promover la formación de nuevas yemas en los callos formados en la base de las yemas apicales.
3. El enraizamiento de las yemas obtenidas a partir de los protocolos anteriores ocurre *in vitro*, independientemente del explanto de partida y sin la aplicación de hormonas. La aclimatación se logró con altos porcentajes en invernadero.
4. En el material estudiado en *Aloe vera*, la producción de aloesina, aloína A y B y aloe-emodina varía a lo largo del cultivo, pero tanto en callos, en hojas y yemas como en suspensiones celulares, la mayor producción de los metabolitos secundarios se observó al final del cultivo.
5. En comparación con el contenido de aloesina, aloina A y B y aloe-emodina en hojas silvestres, hojas de plantas regeneradas mantenidas *in vitro* y en hojas de plantas aclimatadas mantenidas en invernadero, los callos, en general, presentaron valores superiores, especialmente los del medio MS3.
6. La producción de aloe-emodina en hojas de plantas multiplicadas mantenidas *in vitro* en el medio MS4, fue 12 veces superior al de hojas silvestres.
7. La producción máxima de aloesina se encontró en hojas de 6 meses del medio MS8 y la producción de aloe-emodina fue más alta en yemas de 12 meses en los medio MS9, mientras que el contenido de aloína A y B fue mayor en hojas de 12 meses en el medio MS11.

8. El mayor crecimiento y la producción más alta de metabolitos secundarios se obtuvo en las suspensiones que se encontraban en el medio MS3, con 2,4-D y BA, evidenciándose, una vez más, el valor del BA para la obtención de respuestas en los cultivos.
9. El crecimiento y la producción de aloesina, aloína A y B y aloe-emodina en las suspensiones celulares se incrementó en la mayoría de los casos al ser subcultivadas con $CaCl_2$, $CoCl_2$ 50 µM y $NiCl_2$ por lo que estas sustancias se comportan como elicitores en las suspensiones celulares de *Aloe vera.*
10. El uso de las suspensiones celulares es un método adecuado para incrementar el contenido de aloesina, aloína A y B y aloe-emodina en suspensiones celulares de *Aloe vera* pues permite la obtención de dichos compuestos en menor tiempo y a menor costo, en comparación con los cultivos de callos y yemas
11. La aloína A y B se oxida *in vitro* para dar origen a aloe-emodina en mayores cantidades a las encontradas en la planta silvestre.
12. Las diferencias en las respuestas obtenidas en los distintos explantos utilizados y de las células en suspensión, están estrechamente relacionadas a las diferencias en los niveles endógenos de auxinas y citoquininas así como a la distinta capacidad de respuesta que tienen ante los reguladores de crecimiento que son suministrados de forma exógena.

VII. REFERENCIAS BIBLIOGRÁFICAS

Abrie A.L., van Staden J. (2001). Micropropagation of the endangered *Aloe polyphylla. Plant Growth Regulation* 33: 19-23.

Aburjai T., Bernasconi S., Manzocchi L., Pelizzoni F. (1997). Effect of calcium and cell immobilization on the production of choleocalciferol and its derivatives by *Solanum malacoxylon* cell cultures. *Phytochemistry* 46 (6): 1015-1018.

Acedo G.N. (1986). Regeneration of *Arabidopsis* callus *in vitro. Plant Cell, Tissue Organ Culture* 6: 109-114.

Acevedo-Duncan M., Russell C., Patel S., Patel R. (2004). Aloe-emodin modulates PKC isozymes, inhibits proliferation, and induces apoptosis in U-373MG glioma cells. *Intl. Immunopharmacology* 4: 1775-1784.

Agarwal S.K., Singh S.S., Verma S., Kumak S. (2000). Antifungal activity of anthraquinone derivatives from *Rheum emodi. Journal of Ethnopharmacology* 72: 43-46.

Akao T., Che Q.M., Kobashi K., Hattori M., Namba T. (1996). A purgative action of barbaloin is induced by *Eubacterium sp.* strain BAR, a human intestinal anaerobe, capable of transforming barbaloin to aloe-emodin anthrone. *Biol. Pharm. Bull.* 19(1): 136-138.

Akev N., Can A. (1999). Separation and some properties of *Aloe vera* L. leaf pulp lectins. *Phytotherapy Research* 13(6): 489-493.

Albornoz, A. (1980). Productos Naturales. Sustancias y Drogas Extraídas de las Plantas. Universidad Central de Venezuela, Caracas.

Ali M.J.A., Shalaby N.M.N., Elgamal M.H.A., Mousa A.S.M. (1999). Antifungal effects of different plant extracts and their major components of selected *Aloe* species. *Phytotherapy Research* 13(5): 401-407.

Allen R.J.L. (1940). The estimation of phosphorus. *Biochem.* 3(34): 858-865.

Alves D., Pérez-Fons L., Estepa A., Micol V. (2004). Membrane-related effects underlying the biological activity of the anthraquinones emodin and barbaloin. *Biochemical Pharmacology* 68(3): 549-561.

Andrijany V., Indrayanto G., Soehono L. (1999). Simultaneous effect of calcium, magnesium, copper and cobalt ions on sapogenin steroids content in callus cultures of *Agave amaniensis. Plant Cell, Tissue and Organ Culture* 55: 103-108.

Ballester J. (1978). Los cactus y las otras plantas suculentas. Floraprint España, S.A., Valencia, España.

Barrantes E., Guinea M. (2003). Inhibition of collagenase and metalloproteinases by aloins and aloe gel. *Life Sci.* 72(7): 843-850.

Beckman C.H. (2000). Phenolic-storing cells: keys to programmed cell death and periderm formation in wilt disease ressitance and in general defence responses in plants? *Physiological and Molecular Plant Pathology* 57(3): 101-110.

Boik J. (1995). Cancer and natural medicine. Princeton, MN, USA: Oregon Medical Press.

Bourgaud F., Gravot A., Milesi S., Gontier E. (2001). Production of plant secondary metabolites: a historical perspective. *Plant Science* 161: 839-851.

Brown D.C.W. and Thorpe T.A. (1986). Plant regeneration by organogenesis. En: Cell Culture and Somatic Cell Genetics in Plants, vol. 3. I.K. Vasil (ed.). Academic Press, New York, pp. 49-66.

Bruneton J. (1999). Pharmacognosy. Phytochemistry. Medicinal Plants. Second Edition. Intercept Ltd., U.K.

Buchanan B.B., Gruissen W., Jones R.L. (2000). Biochemistry and Molecular Biology of Plants. American Sopciety of Plant Physiologists Rockville, MD.

Camacho M.R., Kirby G.C., Warhust D.C., Croft S.L., Phillipson J.D. (2000). Oxoaporphine alkaloids and quinones from *Stephania dinklagei* and evaluation of their antiprotozoal activities. *Planta Medica* 66: 478-480.

Capasso F., Borelli F., Capasso R., Di Carlo G., Izzo A.A., Pinto L., Mascolo N., Castaldo S., Longo R. (1998). *Aloe* and its therapeutic use. *Phytotherapy Research* 12: 124-127.

Capasso F., Mascolo N., Autore G., Duraccio M.R. (1983). Effect of indomethacin on aloin and 1,8 dioxianthraquinone-induced production of prostaglandins in rat isolated colon. *Prostaglandins* 26(4): 557-562.

Castorena Sánchez I., Natali L., Cavallini A. (1988). *In vitro* culture of *Aloe barbadensis* Mill.: morphogenetic ability and nuclear DNA content. *Plant Sci.* 55: 53-59.

Centeno M.L., Rodríguez A., Albuerne M.A., Feito I., Fernández B. (1998). Uptake, distribution, and metabolism of 6-benzyladenine and cytokin content during callus initiation from *Actinidia deliciosa* tissues. *J. Plant Physiol.* 152: 480-486.

Chauser-Volfson E., Gutterman Y. (1996). The barbaloin content and distribution in *Aloe arborescens* leaves according to the leaf part, age, position and season. *Isr. J. Plant Sci.* 44: 289-296.

Chauser-Volfson E., Gutterman Y. (1997). Content and distribution of the secondary phenolic compound homonataloin in *Aloe hereroensis* leaves according to leaf part, position, and monthly changes. *J. Arid Environ.* 37: 115-122.

Chauser-Volfson E., Gutterman Y. (1998). Content and distribution of anthrone C-gycosides in the South African arid plant species *Aloe mutabilis* growing in direct sunlight and in shade in the Negev Desert of Israel. *J. Arid Environ.* 40(4): 441-451.

Chawla H.S. (2002). Introduction to plant biotechnology. Science Publishers Inc., USA.

Chen H., Chen F. (2000). Effect of yeast elicitor on the secondary metabolism of Ti-transformed *Salvia miltiorrhiza* cell suspension cultures. *Plant Cell Reports* 19(7): 710-717.

Chithra P., Sajithal G.B., Chandrakasan G. (1998). Influence of *Aloe vera* on collagen characteristics in healing dermal wounds in rats. *Mol. Cell Biochem.* 181 (1/2): 71-76.

Capasso F., Borelli F., Capasso R., Di Carlo G., Izzo A.A., Pinto L., Mascolo N., Castaldo S., Longo R. (1998). *Aloe* and its therapeutic use. *Phytotherapy Research* 12: 124-127.

Capasso F., Mascolo N., Autore G., Duraccio M.R. (1983). Effect of indomethacin on aloin and 1,8 dioxianthraquinone-induced production of prostaglandins in rat isolated colon. *Prostaglandins* 26(4): 557-562.

Castorena Sánchez I., Natali L., Cavallini A. (1988). *In vitro* culture of *Aloe barbadensis* Mill.: morphogenetic ability and nuclear DNA content. *Plant Sci.* 55: 53-59.

Centeno M.L., Rodríguez A., Albuerne M.A., Feito I., Fernández B. (1998). Uptake, distribution, and metabolism of 6-benzyladenine and cytokin content during callus initiation from *Actinidia deliciosa* tissues. *J. Plant Physiol.* 152: 480-486.

Chauser-Volfson E., Gutterman Y. (1996). The barbaloin content and distribution in *Aloe arborescens* leaves according to the leaf part, age, position and season. *Isr. J. Plant Sci.* 44: 289-296.

Chauser-Volfson E., Gutterman Y. (1997). Content and distribution of the secondary phenolic compound homonataloin in *Aloe hereroensis* leaves according to leaf part, position, and monthly changes. *J. Arid Environ.* 37: 115-122.

Chauser-Volfson E., Gutterman Y. (1998). Content and distribution of anthrone C-glycosides in the South African arid plant species *Aloe mutabilis* growing in direct sunlight and in shade in the Negev Desert of Israel. *J. Arid Environ.* 40(4): 441-451.

Chawla H.S. (2002). Introduction to plant biotechnology. Science Publishers Inc., USA.

Chen H., Chen F. (2000). Effect of yeast elicitor on the secondary metabolism of Ti-transformed *Salvia miltiorrhiza* cell suspension cultures. *Plant Cell Reports* 19(7): 710-717.

Chithra P., Sajithal G.B., Chandrakasan G. (1998). Influence of *Aloe vera* on collagen characteristics in healing dermal wounds in rats. *Mol. Cell Biochem.* 181 (1/2): 71-76.

Clarkson D.T., Lüttge U. (1989). Divalent cations, transport and compartmentation. *Progress in Botany* 51: 93-112.

Constabel F. and Tyler R.T. (1994). Cell culture for production of secondary metabolites. En: Indra Vasil and Trevor A. Torpe (eds.), Plant Cell and Tissue Culture, 271-289. Kluwer Academic Publishers, Dordrecht. The Netherlands.

Constabel F. and Vasil I.K. (eds.) (1987). Cell Culture in Phytochemistry. Cell Culture and Somatic Cell Genetics of Plants, vol. 4. Academic Press, New York.

Constabel F. and Vasil I.K. (eds.) (1988). Phytochemicals in Plant Cell Cultures. Cell Culture and Somatic Cell Genetics of Plants, vol. 5. Academic Press, New York.

Corredoira M.E. (1997). Análisis comparativo del crecimiento de *Arabidopsis thaliana* (L.) Heynh y del mutante *mur-1* cultivados *in vitro*. Memoria de Licenciatura. Universidad de Santiago de Compostela, Facultad de Biología, Santiago, España.

Cortizo M. (1981). Variación estacional de la actividad biológica y del contenido fenólico en extractos de *Castanea crenata* Sieb. et Zucc. *An. Edaf. Agrobiol.* XL: 1261-1268.

Cosmetics and Toiletries. *Aloe vera* L. and Its Products, Applications and Nomenclature 98: 99-104, 1983.

Darvill A.G., Albersheim P. (1984). Phytoalexins and their elicitors-a defense against microbial infection in plants. *Ann. Rev. Plant Physiol.* 35: 243-275.

Davis R. (1993). Biological activity of *Aloe vera. Seifen, Oele, Fette, Wachse* 119(11): 646-649.

Davy de Virville J., Aarón I., Alin M.F., Moreau F. (1994). Isolation and properties of mitochondria from *Arabidopsis thaliana* cell suspension cultures. Plant *Physiol. Biochem.* 32(1): 159-166.

Deeknamkul W., Ellis B.E. (1985). Effects of auxins and cytokinins (macronutrients) on growth and rosmarinic acid formation in cell suspension cultures of *Anchusa officinalis*. *Plant Cell Rep.* 4: 46-49.

Delfel N.E., Smith L.J. (1980). The importance of culture conditions and medium components interactions in the growth of *Cephalotaxus harringtonia* tissue cultures. *Planta Med.* 40: 237-244.

Dias A.C., Seabra R.M., Andrade P.B., Ferreres F., Ferreira M. (2001). Xanthone production in calli and suspended cells of *Hypericum perforatum*. *J. Plant Physiol.* 158: 821-827.

Diettrich B., Mertinat H., Luckner M., Breuel K., Dauth C. (1987). Gewinnung von Klonlinien aus *Digitalis*-Hochleistungssorten durch Meristemkultur. *Pharmazie* 42: 215. Wissenschaftliche Zeitschriff der Martin-Luther-Universität 36: 90-101.

Dong X. (1998). SA, JA, ethylene, and disease resistance in plants. *Curr. Opin. Plant Biol.* 1: 316-323.

Dubois M., Gilles K.A., Rebers P.A., Hamilton J.K., Smith F. (1956). Colorimentric method for determination of sugars and related substances. *Anal. Chem.* 28: 356.

Durango D., Quiñones W., Torres F., Rosero Y., Gil J., Echeverri F. (2002). Phytoalexin accumulation in Colombian bean varieties and aminosugars as elicitors. *Molecules* 7: 817-832.

Eilert U., Constabel F., Kurz W. (1986). Elicitor-stimulation of monoterpene indole alkaloid formation in suspension cultures of *Catharanthus roseus*. *J. Plant. Physiol.* 126: 11-22.

Encina A. (1999). Caracterización de la tolerancia al herbicida 2,6-diclorobenzonitrilo en cultivos celulares de *Phaseolus vulgaris* L. Tesis Doctoral. Universidad de León, España.

Endress R. (1994). Plant Cell Biotechnology. Springer-Verlag Berlin Heidelberg. pp. 123-125, 143-145.

Esquivel M.Z., Zolla C., Zurita M. (1986). Dermatological diseases in mexican traditional medicine. *Boletín de la Oficina Fitosanitaria Panamericana* 101: 339-347.

Esteban A., Zapata J., Casano L., Martín M., Sabater B. (2000). Peroxidase activity in *Aloe barbadensis* comercial gel: probable role in skin protection. *Planta Med.* 66: 724-727.

Esteban A., López M., Zapata J., Sabater B., Martín M. (2001). Oxidation of phenolic compounds from *Aloe barbadensis* by preoxidase activity: posible involvement in defence reactions. *Plant Physiol. Biochem.* 39: 521-527.

Esteban A., Zapata J.M., López M., Sabater B., Martín M. (2002). Purification of two peroxidase isoenzymes of *Aloe barbadensis* which oxidize *p*-coumaric acid. *Plant Physiol. Biochem.* 40: 127-132.

Fairbain J.W., Simic S. (1960). Vegetable purgatives containing anthracene derivatives. Part XI. Further work on the aloin-like substance of *Rhamnus purshiana* DC. *J. Pharm. Pharmacol.* 12: 45T-51T.

Feito I., Centeno M.L., Sánchez-Tamés R., Fernández B. (1995). Effect of applied benzyladenine on endogenous cytokinin content during the early stages of bud development of kiwifruit. *Physiologia Plantarum* 95: 241-246.

Femenia A., Sánchez E.S., Simal S., Roselló C. (1999). Compositional features of polysaccharides from *Aloe vera* (*Aloe barbadensis* Miller). *Carbohydrate Polymers* 39(2): 109-117.

Forrest I. (1994). Biochemical markers in tree improvement programmes. *For. Abstracts* 55(2): 123-153.

Fowler M.W. (1983). Commercial applications and economic aspects of mass plant cell cultures. En: Plant Biotechnology (S.H. Mantell, H. Smith, eds.), p. 11. Cambridge University Press. Cambridge.

Fowler M.W., Stepan-Sarkissian G. (1985). Carbohydrate source, biomass productivity and natural products. En: Primary and secondary metabolism of plant cell cultures. (Neumann K.H., Barz W., Reinhard E., eds.), pp. 66-73. Springer-Verlag, Berlin.

Franz G., Gruen M. (1983). Chemistry, occurrence and biosíntesis of C-glycosyl compounds in plants. Planta Med. 47: 131-140.

Fujita K., Teradaira R., and Nagatsu T. (1976). Bradykyninase activity of aloe extract. *Biochem. Pharmacol.* 25: 205.

Funk C., Gögler K., Brodelius P. (1987). Increased secondary product formation in plant cell suspension cultures after treatment with a yeast carbohydrate preparation (elicitor). *Phytochemistry* 26: 401-405.

Fuyita Y., Hara Y., Suga C., Morinoto T. (1981). Production of shikonin derivatives by cell suspension cultures of Lithospermum erythrorizon. *Plant Cell Rep.* 1: 61-63.

García M.T., Ballester A., Vieitez E. (1981). Study on the isolated growth substances in juvenile cuttings of *Castanea sativa* Mill. in relation with the rooting capacity. *An. Edaf. Agrobiol.* 1235-1241.

Garve R., Luckner M., Vogel E., Tewes A., Nover L. (1980). Growth, morphogenesis and cardenolide formation in long-term cultures of *Digitalis lanata*. *Planta Med.* 40: 92-103.

George E.F. (1993). En: Plant Propagation by Tissue Culture, Part 1: The Technology. 2ª edición. Ed. Exegetics Limited. Edington, Wilts. England.

George J., Bais H.P., Ravishankar G.A. (2000). Biotechnological production of plant-based insecticides. *Critical Reviews in Biotechnology* 20(1): 49-77.

Gerendás J., Sattelmacher B. (1999). Influence of Ni supply on growth and nitrogen metabolism of *Brassica napus* L. Growth with NH_4NO_3 or urea as N source. *Annals of Botany* 83: 65-71.

Gerendás J., Zhu Z., Sattelmacher B. (1998). Influence of N and Ni supply on nitrogen metabolism and urease activity in rice (*Oryza sativa* L.). *J. Exp. Botany* 49 (326): 1545-1554.

Gontier E., Sangwan B.S., Barbotin J.N. (1994). Effects of calcium, alginate, and calcium alginate immobilization on growth and tropane alkaloid levels of a stable suspension cell line of *Datura innoxia* Mill. *Plant Cell Reports* 13: 533-536.

González M. (1990). Compendio de investigaciones sobre el *Aloe barbadensis* Miller (Sábila) cultivado en Cuba (I). La Habana: Imprenta de la Dirección Política principal de las FAR.

Graf E., Alexa M. (1980). Stability of diastereomeric aloins A and B and their main decomposition product 4-hydroxyaloin. *Planta Med.* 38: 121-127.

Gräther O., Schneider B. (2001). En: Progress in Botany 62. Ed. Por Esser K., Lüttge U., Kedereit J.W., Beyschlag W. Springer-Verlag, pp. 266-304.

Grindlay D., Reynolds T. (1986).: The *Aloe vera* phenomenon: a review of the properties and modern uses of the leaf parenchyma gel. *Journal of the Ethnopharmacology* 16: 117-151.

Groenewald E.G., Koeleman A., Wessels D.C.J. (1975). Callus formation and plant regeneration from seed tissue of *Aloe pretoriensis* Pole Evans. *Z. Pflanzenphysiol* 75: 270-272.

Groom Q.J., Reynolds T. (1986). Barbaloin in aloe species. *Planta Med.* 52: 345-348.

Grueiro M.P. (2001). Multiplicación mediante técnicas de cultivo *in vitro* de plantas masculinas de kiwi. Proyecto de fin de carrera. Universidad de Santiago de Compostela, Escuela Politécnica Superior de Lugo, España.

Guohua M. (1998). Effects of cytokinins and auxins on cassava shoot organogenesis and somatic embryogenesis from somatic embryo explants. *Plant Cell, Tissue and Organ Culture* 54: 1-7.

Gutterman Y., Chauser-Volfson E. (2000a). The distribution of the phenolic metabolites barbaloin, aloeresin and aloenin as a peripheral defense strategy in the succulent leaf parts of *Aloe arborescens. Biochemical Systematics and Ecology* 28: 825-838.

Gutterman Y., Chauser-Volfson E. (2000b). Peripheral defence strategy: variation of barbaloin content in the succulent parts of *Aloe arborescens* Miller (*Liliaceae*). *Bot. J. Linn. Soc.* 132: 385-395.

Hahlbrock K., Scheel D. (1989). Physiology and molecular biology of phenylpropanoid metabolism. *Plant Mol. Biol.* 40: 347-369.

Hagimori M., Matsumoto T., Mikani Y. (1984). Digitoxin biosynthesis in isolated mesophyll cells and cultured cells of *Digitalis. Plant Cell Physiol.* 25: 947-953.

Hall D.R. (1991). The initiation and maintenance of plant cell suspension cultures. En: Plant Tissue Culture Manual (K. Lindsey, ed.), pp. 1-21. Kluwer Academic Publishers, Dordrecht.

Han Y.S., Van der Heijden R., Lefeber A.W.M., Erkelens C., Verpoorte R. (2001). Biosíntesis of anthraquinones in cell culrures of Cinchona `Robusta´proceeds via the methylerythritol 4-phosphate pathway. *Phytochemistry* (article in press).

Harborne J.B., Baxter H. (eds.) (1993). Phytochemical dictionary: a handbook of bioactive compounds from plants. Taylor and Francis, London.

Hartmann T., Ober D. (2000). Biosynthesis and metabolism of pyrrolizidine alkaloids in plants and specialized insect herbivores. *Biosynthesis Aromatic Polyketides Isoprenoids Alkaloids* 209: 207-243.

Haynes L.J., Holdsworth D.K. (1970). C-glycosilcompounds. VI. Aloesin, a C-glucosylchromone from *Aloe spp. J. Chem. Soc. C.* 2581-2586.

Hirata T., Suga T. (1977). Biologically active constituents of leaves and rotos of *Aloe arborescens* var. Natalensis. *Z. Naturforsch* 32(9-10): 731-734.

Hook I., Walsh J., Kavanagh P., Reiniger R. (1997). Naphtoquinone production by cultures of cape sundew (*Drosera capensis*). *Pharm. Pharmacol. Lett.* 7(2/3): 93-95.

Hook I. (2001). Naphtoquinone contents of *in vitro* cultured plants and cell suspensions of *Dionaea muscipula* and *Drosera* species. *Plant Cell, Tissue and Organ Culture* 67: 281-285.

Hormann H.P. and Korting H.C. (1994). Evidence for the efficacy and safety of topical herbal drugs in dermatology: part I: antiinfalammatory agents. *Phytomedicine* 1: 161-171.

Hu Y., Xu J., Hu Q. (2001). Evaluation of antioxidant potential of *Aloe vera* (*Aloe barbadensis* Mill.) extracts. *J. Chromatogr. B. Biomed Sci. Appl.* 752(1): 91-97.

Indrayanto G., Pratnaningsih B., Santosa M.H. (1996). The influence of molybdate and calcium ions on the sapogenins content in callus culture of *Agave amaniensis. Indonesisn J. Pharm.* 7: 21-27.

Ishii Y., Tanizawa H., Takino Y. (1984). Fluorophotometry of barbaloin in *Aloe. Chem. Pharm. Bull.* 32: 4946-4950.

Ishii Y., Tanizawa H., Takino Y. (1990). Studies of aloe. III. Mechanism of cathartic effect. (2). Chem. Oharm. Bull. 38(1): 197-200.

Izco J., Barreno E., Brugués M., Costa M., Devesa J., Fernández F., Gallardo T., Llimona X., Salvo E., Talavera S., Valdés B. (1997). Botánica. McGraw-Hill-Interamericana de España, Madrid.

Izhaki I. (2002). Emodin – a secondary metabolite with multiple ecological functions in higher plants. *New Phytologist* 155: 205-217.

Jiménez M.A. (1990). Cultivos en suspensión de *Digitalis thapsi* L.: Estudio de algunos sistemas de optimización de la producción de glicósidos cardiotónicos. Tesina de Licenciatura, Facultad de Farmacia, Universidad de Salamanca, España.

Jonak C., Nakagami H., Hirt H. (2004). Heavy metal stress. Activation of distinct mitogen-activated protein kinases pathways by copper and cadmium. *Plant Physiology* 136 (2): 3276-3283.

Joshi S.P. (1998). Chemical constituents and biological activity of *Aloe barbadensis*- a review. *J. Med. Aromat. Plant Sci.* 20(3): 768-773.

Kato H., Wada M., Muraya K., Malik K., Shiraishi T., Ichinosae Y., Yamada T. (1995). Characterization of nuclear factors for elicitor-mediated activation of the promoter of the pea phenylalanine ammonia-lyase gene 1. *Plant Physiol.* 108: 129-139.

Khetan A., Malmberg L-H., Kyung Y-S., Sherman-David H., Hu-Wei-Shou. (1999). Precursor and cofactor as a check valve for cephamycin biosynthesis in *Streptomyces clavuligerus. Biotechnology Progress* 15(6): 1020-1027.

Kim H., Kacew S., Lee B. (1999). *In vitro* chemopreventive effects of plant polysaccharides (*Aloe barbadensis Miller, Lentinus edodes, Ganoderma lucidum and Coriolus versicolor*). *Carcinogenesis* 20(8): 1637-1640.

Kintzios S., Taravira N. (1997). *Effect of genotype and light intensity on somatic embryogenesis and plant regeneration in melon (*Cucumis melo *L.). Plant Breed. 116: 359-362.*

Kintzios S., Drossopoulos J.B., Shortsianitis E., Peppes D. (2000). Induction of somatic embryogenesis from young, fully expanded leaves of chilli pepper (*Capsicum annuum* L.): effect of leaf position, illumination and explant treatment with high cytokinin concentrations. *Sci. Horticulturae* 85: 137-144.

Klein A.D., Penneys N.S. (1988).: *Aloe vera. Journal of the American Academy of Dermatology* 18: 714-720, 1988.

Kliebenstein D.J., Lambrix V.M., Reichelt M., Gershenzon J., Mitchell-Old T. (2001). Gene duplication in the diversification of secondary metabolism: Tandem 2-oxoglutarate-dependent dioxygenases control glucosinolate biosynthesis in arabidopsis.

Knobloch K., Bast G., Berlin J. (1982). Medium-induced and light-induced formation of serpentine and anthocyanins in cell suspensions cultures of *Catharanthus roseus. Phytochemistry* 21: 591-594.

Kuiper D., Kuiper P.J.C., Lambres H., Schuit J., Staal M. (1989). Cytokinin concentration in relation to mineral nutrition and benziladenine treatment in *Plantago major sp. Pleiosperma. Physiol. Plant. 75: 511-517.*

Kuo P-L., Lin T-C., Lin C. (2002). The antiproliferative activity of aloe-emodin is through p53-dependent and p21-dependent apoptotic pathway in human hepatoma cell lines. *Life Sci.* 71(16): 1879-1892.

Lachman J., Hamouz K., Orsak M., Pivec V. (2000). Potato tubers as a significant source of antioxidants in human nutrition. *Rostlinna-Vyroba-UZPI* 46(5): 231-236.

Lan W., Yu L., Wu Y. (2002). Effect of salicylic acid on membrane lipid peroxidation induced by fungal elicitor and taxol synthesis in Taxus chinensis suspensión cell culture. Xibei Zhiwu Xuebao *22(1): 78-83.*

Latsague M., Lara J. (2003). Fenoles solubles totales y su relación con la inhibición de la rizogénesis en estacas de *Nothophagus pumilio* (Poepp. et Endl.) Krasser. *Gayana Bot.* 60(2): 90-93.

Lee S.Y., Ryu L.W., Shim C.S. (1997). Purification and characterization of bioactive compound acemannan from *Aloe vera. Saengyak Hakhoechi* 28(2): 65-71.

Levin H., Hazenfrantz R., Friedman J., Perl M. (1988). Partial purification and some properties of the antibacterial compounds from *Aloe vera. Phytotherapy Res.* 1: 1-3.

Li J., Ou-Lee T.M., Raba R., Amundson R.G., Last R.L. (1993). *Arabidopsis* mutants are hypersensitive to UV-B radiation. *Plant Cell*: 171-179.

Liao Z., Chen M., Tan F., Sun X., Tang K. (2004). Micropropagation of endangered Chinese aloe. *Plant Cell, Tissue and Organ Culture* 76: 83-86.

Lichtenthaler H.K. (2004). El estrés y la medida del estrés en las plantas. En: Reigosa M., Pedrol N., Sánchez A. La Ecofisiología Vegetal. Una ciencia de síntesis. Thomson Eds., España. Pp. 59-111.

Linden J.C., Haigh J.R., Mirjalili N., Phisaphalong M. (2001). Gas concentration effects on secondary metabolite production by plant cell cultures. *Adv. Biochem. Eng. Biotechnol.* 72: 28-62.

Lindsey K., Yeoman M.M. (1983). The relationship between growth rate differentiation and alkaloid accumulation in cell cultures. *J. Exp. Bot.* 34: 1055-1065.

Lui J.H.C., Staba E.J. (1981). Effects of age and growth regulators on serially propagated *Digitalis lanata* leaf and root cultures. *Planta Med.* 41: 90-95.

Manitto P. Monti D., Speranza G. (1990). I principali costituenti dell´Aloe di interesse farmaceutico e cosmetico. J. Chem. Soc., Perkin Trans 1: 1297.

Makino K., Yagi A., Nishioka I. (1973). Studies on the constituents of Aloe arborescens *Mill.* var. natalensis Berger. I. The structure of aloearbonaside, a glucoside of a new type naturally occurring chromene. Chem. Pharm. Bull. *21(1): 149-156.*

Malamy J., Sánchez-Casas P., Hennig J., Guo A., Klessig D. (1996). Dissection of the salicylic acid signalling pathway in tobacco. *Mol. Plant-Microbe Interactions* 9: 474-482.

Margara J. (1988). En: Multiplicación vegetative y cultivo *in vitro*. Los meristemos y la organogénesis. Ed. Mundi-Prensa. Madrid.

Marigo G. (1979). Polyphénols et croissance. Essai d´évaluation du role joué in vivo par les composes phénoliques chez Licopersicum esculentum. Thése Doct. État, Univ. Paul-Sabatier, Toulouse.

Massot B., Milesi S., Gontier E., Bourgaud F., Guckert A. (2000). Optimized culture conditions for the production of furanocoumarins by micropropagated shoots of *Ruta graveolens. Plant Cell Tissue and Organ Culture* 62(1): 11-19.

Masuda T., Ueno Y. (1984). Microsomal transformation of emodin into a direct mutagen. *Mutat. Res*. 125: 135-144.

McKeown E. (1987).: *Aloe vera. Cosmetics and Toiletries* 102: 64-65.

Mérillon J.M., Rideau M., Chénieux J.C. (1984). Influence of sucrose on levels of ajmalicine, serpentine, and tryptamine in *Catharanthus roseus* cells in vitro. *Planta Med.* 50: 497-501.

Meyer H.J., van Staden J. (1991). Rapid *in vitro* propagation of *Aloe barbadensis* Mill. *Plant Cell, Tissue and Organ Culture* 26: 167-171.

Montesano M., Brader G., Tapio Palva E. (2003). Pathogen derived elicitors: searching for receptors in plants. *Molecular Plant Pathology* 4 (1): 73-79.

Morán M. (1992). Respuestas morfogenéticas y producción de cardenólidos en cultivos *in vitro* de hipocótilo y raíz de *Digitalis thapsi* L. Tesis Doctoral. Universidad de Salamanca, España.

Mori I.C., Schroeder J.I. (2004). Reactive oxygen species activation of plant Ca2+ channels. A signaling mechanism in polar growth, hormone transduction, stress signaling, and hypothetically mechanotransduction. *Plant Physiology* 135: 702-708.

Morris P., Fowler M.W. (1980). Growth and alkaloid content of cell suspension cultures of *Papaver somniferum. Planta Med.* 39: 284-285.

Morris S., Karim A. (1976). Tumor inhibitors 114 aloe emodin: antileukemic principle isolated from Rhamnus frangula L. Lloydia 39(4): 223-224.

Mosella-Chancel L., Macheix J.J., Jonar R. (1980). Les conditions du microbouturage in vitro du pécher (*Prunus persica* Batsch.): influences combines des substances de croissance et de divers composés phénoliques. *Physiol. Vég*. 18: 597-608.

Mueller S., Stopper H., Dekant W. (1998). Biotransformation of the anthraquinones emodina and chrysophanol by cytochrome P450 enzymes. Bioactivation to genotoxic metabolites. *Drug Metabolism and Disposition* 26(6): 540-546.

Murashige T., Skoog F. (1962). A revised medium for rapid growth and bioassay with tobacco tissue cultures. *Physiol. Plant.* 15: 473-497.

Nakagomi K., Oka S., Tomizuka N., Jamamoto M., Masui T., Nakazawa H. (1985). Novel biological activities of aloe components. Effects on mast-cell degranulation and platelet aggregation. *Kenkyu Hokoku-Kogyo Gijutsuin Bisibutsu Kogyo* 63: 3-9.

Nakamura H. y Okuyama T. (1990). Gas chromatographic and mass spectral determination of aloenin in skin-care cosmetics. *J. Chromatogr.* 509: 377-382.

Natali L., Castorena Sánchez I., Cavallini A. (1990). *In vitro* culture of *Aloe barbadensis* Mill.: Micropropagation from vegetative meristemos. *Plant Cell, Tissue and Organ Culture* 20: 71-74.

Nedelnik J, Repkova J. (1998). Plant selection *in vitro* for resistance to some pathogens using secondary toxic metabolites (Review). *Genetika-a-Slechteni-UZPI* 34(2): 69-76.

Neumann D. (1983). Subcellular localization of anthocyanin in red cabbage seedlings. *Biochem. Physiol. Pflanz.* 178: 405-407.

Norton S.J. (1990). Glyoxalase I and glyoxalase II from *Aloe vera*: purification, characterization and comparison with animal glyoxalases. *Biochemistry International* 22(3): 411-418.

Nover L., Luckner M., Tewes A., Garve R., Vogel L. (1980). Cell specialization and cardiac glycoside formation in cell cultures of *Digitalis* species. *Acta Hortic.* 96: 65-74.

O'Donnell P.J., Calvert C., Atzorn R., Wasternack C., Leyser H.M.O., Bowles D.J. (1996). Ethylene as a signal mediating the wound response of tomato plants. *Science* 274 (5294): 1914-1917.

Orton T.J. (1980). Chromosome variability in tissue cultures and regenerated plants of *Hordeum. Theor. Appl. Genet.* 56: 101-112.

Okamura N., Hine N., Harada S., Fujioka T., Mihashi K. y Yagi A. (1996). Three chromone components from *Aloe vera* leaves. *Phytochemistry* 43: 495-498.

Okamura N. (1997). Diastereomeric C-glucosylanthrones of *Aloe vera* leaves. *Phytochemistry* 45(7): 1519-1522.

Okamura N. (1998). Five chromones from *Aloe vera* leaves. *Phytochemistry* 49(1): 219-223.

Oliva E. (1981). Plantas de los Jardines de Venezuela. Ediciones Armitano C.A. Caracas, Venezuela. pp. 261-264.

Oomah D. (2003). Isolation, characterization and assesment of secondary metabolites from plants for use in human health. *PBI Bull.* Issue 1: 1-4.

Oven M., Grill E., Golan-Goldhirsh A., Kutchan T.M., Zenk M.H. (2002). Increase of free cysteine and citric acid in plant cells exposed to cobalt ions. *Phytochemistry* 60: 467-474.

Paiva H.N. de, Carvalho R.,Pereira da Silva F., Guedes de Carvalho J., Melloni R. (2001). Influência de doses de níquel sobre o crescimento de mudas de aroeira (*Myracrodruon urundeuva* Fr. All.) em solução nutritiva. *CERNE* 7 (1): 114-121.

Park M.K., Park J.H., Shin Y.G., Choi S.M., Choi Y.S., Kim K.H. and Lee S.K. (1997). Chemical constituents in *Aloe barbadensis. Arch Pharm. Res.* 20: 88-90.

Park M.K., Park J.H., Kim N.Y., Shin Y.G., Choi Y.S., Lee J.G., Kim K.H., Lee S.K. (1998). Analysis of 13 phenolic compounds in aloe species by high performance liquid chromatography. *Phytochemical Analysis* 9(4): 186-191.

Pierik R.L.M. (1997). En: In vitro culture of higher plants. Kluwer Academic Publishers. Dordrecht, The Netherlands. Fourth Edition.

Pickard B., Harper J., Dammann C., Ichida A., Hong B., Romanowsky S., Hrabak E., Harmon A. (2003). Subcellular targeting of nine calcium-dependent protein kinase isoforms from *Arabidopsis. Plant Physiology* 132 (4): 1840-1848.

Piñol M.T., Palazón J. (1993). Metabolismo secundario. En: Azcón J., Talón M. Fisiología y Bioquímica Vegetal. Interamericana-McGraw Hill, Madrid.

Pitta-Alvarez S., Spollansky T., Giuletti A. (2000). The influence of different biotic and abiotic elicitors on the production and profile of tropane alkaloids in hairy root cultures of *Brugmansia candida. Enzyme and Microbial Technology* 26(2-4): 252-258.

Preisig C.L., Moreau R.A. (1994). Effects of potential sinal transduction antagonists on phytoalexin accumulation in tobacco. *Phytochemistry* 36 (4): 857-863.

Pugh N., Ross S., ElSohly M., Pasco D. (2001). Characterization of aloeride, a new high-molecular-weight polysaccharide from *Aloe vera* with potent immunostimulatory activity. *J. Agric. Food Chem.* 49: 1030-1034.

Radjabi-Nassab F., Ramiliarison C., Monneret C., Vilkas E. (1984). Further studies of the glucomannan from *Aloe vahombe* (Liliaceae) II. Partial hydrolyses and NMR studies. *Biochimie* 66(7-8): 563-567.

Racchi M.I. (1987). Plant regeneration from callus culture of *Aloe ferox. Proc. Int. Congr. Plant Tissue Culture.* Bogotá.

Ramachandra Rao S., Ravishankar G.A. (2002). Plant cell cultures: chemical factories of secondary metabolites. *Biotechnology Advances* 20: 101-153.

Ramos A., Edreira A., Villaescusa A., Vizoso A., Martínez M.J. (1996). Evaluación genotóxica de un extracto acuoso de *Aloe vera* L. *Rev. Cubana Plant. Med.* 1(2): 18-23.

Randhir R., Shetty P., Shetty K. (2002). L-DOPA and total phenolic stimulation in dark germinated fava bean in response to peptide and phytochemical elicitors. *Process Biochemistry* 37: 1247-1256.

Randhir R., Lin Y., Shetty K. (2004). Stimulation of phenolics, antioxidant and antimicrobial activities in dark germinated mung bean sprouts in response to peptide and phytochemical elicitors. *Process Biochemistry* 39: 637-646.

Rauwald H.W. y Beil A. (1993). High-performance liquid chromatographic separation and determination of diastereomeric anthrone-C-glucosyls in Cape aloes. *J. Chromatogr.* 639: 359-362.

Rauwald H.W. y Sigler A. (1994). Simultaneous determination of 18 polyketides typical of *Aloe* by HPLC and photodiode array detection. *Phytochem. Anal.* 5: 266-270.

Rauwald H.W. y Voetig R. (1982). 7-Hydroxyaloin: the leading substance from *A. barbadensis* in Ph. Eur. III. *Arch. Pharm.* 315: 477-478.

Rech S.B., Batista C.V.F., Schripsema J., Verpoorte R., Henriques A.T. (1998). Cell cultures of *Rauwolfia sellowii*: growth and alkaloid production. *Plant Cell, Tissue and Organ Culture* 54: 61-63.

Reddy V.S., Ali G.S., Reddy A.S.N. (2003). Characterization of a pathogen-induced calmodulin-binding protein: mapping of four Ca^{2+} -dependent calmodulin-binding domains. *Plant Molecular Biology* 52: 143-159.

Reinert J., Backs D. (1968). Control of totipotency in plant cells growing *in vitro*. *Nature* 220: 1340-1341.

Rey S. (2002). Micropropagación y regeneración de abedul (*Betula alba* L.) mediante técnicas de cultivo *in vitro*. Proyecto de fin de carrera. Universidad de Santiago de Compostela, Escuela Politécnica Superior de Lugo, España.

Reymond P., Farmer E. (1998). Jasmonate and salicylate as global signals for defense gene expression. *Curr. Opin. Plant Biol.* 1: 404-411.

Reynolds G.W. (1966). The Aloes of Tropical Africa and Madagascar. The Trustees of the Aloes Book Fund, Mbabane.

Rice T.B., Reid R.K., Gordon P.N. (1979). Morphogenesis in field crops. pp. 262-277. En: Hughes K.W. et al. (eds.).

Rivero R., Rodríguez E., Menéndez R., Fernández J., del Barrio G., González M. (2002). Obtención y caracterización preliminar de un extracto de *Aloe vera* L. con actividad antiviral. *Rev. Cubana Plant. Med.* 7(1): 32-38.

Rodríguez N. (1993). Bioconversión de β-metildigitoxina en cultivos celulares de *Digitalis thapsi* L.: efecto de componentes del medio y la inmovilización celular. Tesis Doctoral, Facultad de Farmacia, Universidad de Salamanca, España.

Rout G.R., Samantaray S., Mottley J., Das P. (1999). Biotechnology of the rose: a review of recent progress. *Scientia Horticulturae* 81: 201-228.

Roy S.C., Sarkar A. (1991). *In vitro* regeneration and microproagation of *Aloe vera* L. *Scientia Horticulturae* 47(1-2): 107-113.

Rudge K., Morris P. (1986). The effect of osmotic stress on growth and alkaloid accumulation in *Catharanthus roseus*. En: Secondary metabolism in plant cell cultures. (Morris P., Scragg A.H., Stafford A., Fowler M.W., eds.). Cambridge University Press, Cambridge. pp. 75-81.

Sacristán M.D., Melchers G. (1969). The caryological analysis of plants regenerated from tumorous and other callus cultures of tobacco. *Mol. Gen. Genet.* 105: 317-333.

Sairam R.K., Singh D.V., Srivastana G.C. (2003/4). Changes in activities of antioxidant enzymes in sunflower leaves of different ages. *Biologia Plant.* 47(1): 61-66.

Satdive R.K., Fulzele D.P., Eapen S. (2003). Studies on production of ajmalicine in shake flasks by multiple shoot cultures of *Catharanthus roseus*. *Biotechnology Progress* 19 (3): 1071-1075.

Schnee L. (1973). Plantas Comunes de Venezuela. Universidad Central de Venezuela, Facultad de Agronomía. Caracas, Venezuela. pp. 737.

Seigler D.S. (1998). Plant Secondary Metabolism. Kluwer Academis Publishers, U.S.A.

Semple S.J., Pyke S.M., Reynolds G.D., Flower R.L.P. (2001). *In vitro* antiviral activity of tje anthraquinone chrysophanic acid against poliovirus. *Antiviral Research* 49(3):169-178.

Shibli R.A., Smith M.A.L., Kushad M. (1997). Headspace ethylene accumulation effects on secondary metabolite in *Vaccinuim pahalae* cell culture. *Plant Growth Regul.* 23: 201-205.

Shiraishi T., Yamada T., Ichinose Y., Kiba A., Toyoda K. (1997). The rol of suppressor in determining host-parasite specificities in plant cells. *Int. Rev. Cytol.* 44: 659-665.

Shualev V., León J., Raskin I. (1995). Is salycilic acid a translocated signal of systemic acquired resistance in tobacco? *Plant Cell* 7: 1691-1701.

Schützendübel A., Polle A. (2002). Plant responses to abiotic stresses: heavy metal-induced oxidative stress and protection by mycorrhization. *Journal of Experimental Botany* 53 (372): 1351-1365.

Skirvin R.M., Chu M.C. (1979). *In vitro* propagation of "Forever Yours" rose. *Hort. Sci.* 14: 608-610.

Skoog F. and Miller C.O. (1957). Chemical regulation of growth and organ formation in plant tissues cultured *in vitro*. *Symp. Soc. Exp. Biol.* 11: 118-131.

Smart N.J., Fowler M.W. (1984). An airlift column bioreactor suitable for large scale cultivation of plant cell suspensions. *J. Exp. Bot.* 35.

Smith S.M., Street H.E. (1974). The decline of embryogenic potential as callus and suspension cultures of carrot are serially subcultured. *Ann. Bot.* 38: 223-241.

Speranza G., Dada G., Lunazzi L., Gramatica P. Y Manito P. (1986). Studies on aloe. Part 3. A C-glucosylated 5-methylchromone from Kenya aloe. *Phytochemistry* 25: 2219-2222.

Spollansky T., Pitta-Alvarez S., Giulietti A. (2000). *In vitro* production of scopolamine and hyosciamine: influence of different elicitors on hairy root cultures of *Brugmansia candida*. *Brazilian Journal of Microbiology* 31(Supl. 1): 19-22.

Stafford A., Warren G. (1991). En: Plant Cell and Tissue Culture. Ed. Open University Press, Biotechnology Series. Buckingham., U.K.

Stalman M., Koskamp A.M., Luderer R., Vernooy J.H., Wind J.C., Wullems G.J., Croes A.F. (2003). Regulation of anthraquinone

biosynthesis in cell cultures of *Morinda citrifolia. J. Plant Physiol.* 160 (6): 607-614.

Stresser D.M., Kupfer D. (1997). Catalytic characteristics of CYP3A4: requirement for a phenolic function in *ortho* hydroxylation of estradiol and mono-*O*-demethylated methoxychlor. *Biochemistry* 36: 2203-2210.

Sugiyama M. (1999). Organogénesis *in vitro. Current Opinion in Plant Biology* 2: 61-64.

Sydiskis R.J., Owen D.G., Lohr J.L., Rosler K.H.A., Blomster R.N. (1991). Inactivation of enveloped viruses by anthraquinones extracted from plants. *Antimicrobial Agents and Chemotherapy* 35: 2463-2466.

Tabata M., Hiraoka N. (1976). Variation of nicotine production in *Nicotiana rustica* callus cultures. *Physiol. Plant.* 38: 19-23.

Thomas E., Davey M.R. (1975). From single cells to plants. Wykeman Publ., London: 1-172.

Threlfall A.R., Whitehead J.M. (1988). The use of biotic and abiotic elicitors to induce the formation of secondary plant products in cell suspension cultures of solanaceae plants. *Biochem. Soc. Trans.* 16: 71-75.

Tsuro M., Koda M., Inoue M. (2000). Efficient plant regeneration from multiple shoots formed in the leaf-derived callus of *Lavandula vera*, using the "open culture system". *Scientia Horticulturae* 86(1): 81-88.

Tumová L., Poustková J., Tuma J. (2001). $CoCl_2$ and $NiCl_2$ elicitation and flavonoid production in *Ononis arvensis* L. culture *in vitro*. *Acta Pharm.* 51: 159-162.

Uppalapati S.R., Toyoda K., Yasuhiro I., Ichinose Y., Shiraishi T. (2004). Differential regulation of MBP kinases by a glycoprotein elicitor and a polypeptide supressor from *Mycosphaerella pinodes* in pea. *Physiological and Mol. Plant Pathol.* 64:17-25.

Vanisree M., Tsay H. (2004). Plant cell cultures-an alternative and efficient source for the production of biologically important secondary metabolites. *Intl. J. Appl. Sci. and Engineering* 2(1): 29-48.

H. (2004). Studies on the production of some important secondary metabolites from medicinal plants by plant tissue cultures. *Bot. Bull. Acad. Sim.* 45: 1-22.

van Handel E. (1968). Direct microdetermination of sucrose. *Anal. Biochem.* 22: 280-283.

van Zyl R.L., Viljoen A.M. (2002). *In vitro* activity of *Aloe* extracts against *Plasmodium falciparum*. *South African Journal of Botany* 68: 106-110.

Vargas F., Díaz Y. (2003). Estudios *in vitro* de los mecanismos fotooxidantes y antioxidantes de los principios activos del *Aloe vera*. *Rev. Facultad de Farmacia* 45(1):65-68.

Vasil I.K. (1985). Somatic embryogenesis and its consequences in the gramínea. En: Tissue Culture in Forestry and Agriculture (Henke R., Hughes K., Hollaender A., eds.), Plenum Press, New York, pp. 31-48.

Verpoorte R., Heijden Van der R., Harkes P.A.A. (1987). Secondary metabolism in plant cell cultures of some terpenoidindole alkaloid producing plant species. *Proc. Of the First Princess Chulabhorn Science Congress. Int. Congress of Natural Products,* Vol. II. P. 209-218. Bagkok (Thailand).

Waller G.R., Mangiafico S., Ritchey C.R. (1978). A chemical investigation of *Aloe barbadensis Miller. Proc. Okla. Acad. Sci.* 58: 69-76.

Wamer W., Vath P., Falvey D. (2003). *In vitro* studies on the photobiological properties of aloe-emodin and aloin A. *Free radical Biology and Medicine* 34(2): 233-242.

Wasserman L., Avigad S., Beery E., Nordenberg J., Fenig E. (2002). The effect of aloe emodina on the proliferation of a new Merkel carcinoma cell line. *Am. J. Dermopathol.* 24: 17-22.

Watson D.G., Brooks C.J.W. (1984). Formation of capsidiol in *Capsicum annuum* fruits in response to non-specific elicitors. *Physiol. Plant Pathol.* 24: 31-337.

Widholm J.M. (1972). The use of fluorescein diacetato and phenosafranine for determinating viability of cultured plant cells . *Stain Technol.* 47: 189-194.

Wink M.(1985). Evidence for an extracellular lytic compartment of plant cell suspension cultures: the culture medium. *Naturwissenshaften* 71: 635-636.

Winters W.D., Yang P.B. (1996). Polypeptides of the three major medicinal Aloes. *Phytotherapy Research* 10(7): 573-576.

Woodley J.L., Hicks J.R., Hageman R.H. (1960). Rapid determination of nitrate and nitrite in plant material. *J. O. Agric. And Food Chem.* 8: 481-482.

Yagi A. (1998). Tetrahydroanthracene glucosides in callus tissue from *Aloe barbadensis* leaves. *Phytochemistry* 47(7): 1267-1270.

Yagi A., Kabash A., Okamura N., Haraguchi H., Moustafa S.M., Khalifa T.I. (2002). Antioxidant, free-radical scavenging and anti-inflammatory effects of aloesin derivatives in *Aloe vera. Planta Med.* 68(11): 957-960.

Yamada T., Hashimoto H., Shiraishi T., Oku H. (1989). Suppression of pisatin, phenylalanine ammonia-lyase mRNA, and chaclone synthase mRNA by a putative pathogenicity factor from the fungus *Mycosphaerella pinodes. Mol. Plant-Microbe Interactions* 2:256-261.

Yamamoto O., Yamada Y. (1986). Production of reserpine and its optimization in cultured *Rauwolfia serpentina* Benth. Cells. *Plant Cell Rep.* 5: 50-53.

Yen G.C., Chen H.W., Duh P.D. (1998). Extraction and identification of an antioxidative component from jue ming zi (*Cassia tora* L.). *J. Agric. Food Chemistry* 46: 820-824.

Zeng S., Peng X. (2000). Tissue culture and rapid propagation of *Aloe arborescens*. *Zhong Yao Cai*. 23(2): 63-65.

Zenk M.H., El-Shagi H., Schulte U. (1975). Anthraquinone production by cell suspension cultures of *Morinda citrifolia*. *Planta Med.*(Suppl.): 79-101.

Zhang L., Tizard I.R. (1996). Activation of a mouse macrophage cell line by acemannan: the major carbohydrate fraction from *Aloe vera* gel. *Immunopharmacology* 35(2): 119-128.

Zhang C.H., Wu J.Y. (2003). Ethylene inhibitors enhance elicitor-induced paclitaxel production in suspension cultures of *Taxus spp*. cells. *Enzyme and Microbial Technology* 32(1): 71-77.

Zheng X., van Hyustee R.B. (1992). Peroxidase-regulated elongation of segments from peanut hypocotyls. *Plant Sci*. 81: 47-56.

Zhao D., Xing J., Li M., Lu D., Zhao Q. (2001). Optimization of growth and jaceosdin production in callus and cell suspension cultures of *Saussurea medusa*. *Plant Cell, Tissue and Organ Culture* 67: 227-234.

Zhu J.K. (2002). Salt and drought stress signal transduction in plants. *Annu. Rev. Plant Biol*. 53:247-273.

Zobel B., Talbert J. (1994). Técnicas de mejoramiento genético de árboles forestales. Editorial Limusa S.A., México, 545 pp.

Zonta F., Bogoni P., Masotti P. Y Micali G. (1995). High-performance liquid chromatographic profiles of aloe constituents and determination of aloin in beverages, with reference to the EEC regulation for flavoring substances. *J. Chromatogr. A* 718: 99-106.

Kolibri 360 GmbH
Ferdinand-Jühlke-Straße 7
99095 Erfurt, Deutschland
produktsicherheit@kolibri360.de

Druck:
CPI Druckdienstleistungen GmbH
im Auftrag der
Kolibri 360 GmbH
Ferdinand-Jühlke-Str. 7
99095 Erfurt